前言

自中国加入世贸组织后，新世纪的中国服装产业，越来越感受到国际化大潮带来的一浪又一浪的强大压力。这种形势，既为中国服装产业带来了空前的机遇，同时也带来了空前的挑战。在服装业繁荣兴旺，服装教育发展迅猛，服装从业人员队伍日益扩大的同时，企业对服装技术人员的要求也越来越高。因此，培养和提高服装技术人员的素质，为企业的再生和发展注入科学技术的活力，是服装教育工作者义不容辞的责任。

服装裁剪实用手册，从实用性出发，把服装主要部件领、袖、上衣身、下装（裙子、裤子、裙裤）单列成册，组成系列，从结构原理和裁剪要点上进行了详细的阐述，同时对大量的款式结构图进行了剖析，以便于读者在服装结构理论的指导下进行实践和体会。全书内容全面系统，既有很高的实用价值，又有很强的资料收藏价值。该系列丛书共四册，分别为：

《服装裁剪实用手册——领型篇》

《服装裁剪实用手册——袖型篇》

《服装裁剪实用手册——上装篇》

《服装裁剪实用手册——下装篇》

该系列丛书的作者均为具有丰富教学实践经验和多年从事服装企业技术工作经验的高校教师，该系列书的出版，是教师们回报社会，服务社会，为我国服装业的繁荣献出的一份真情。但由于教学工作的繁忙及水平的限制，错误之处在所难免，敬请读者批评指正。

目录

第一章

领子概述

服装上的领是顺应人体的肩和颈之间的自然过渡而形成的。纵观服装发展史，领从最初的以保护人体的颈部为主要的自然功能，演变为以装饰颈部为主、保护颈部为辅的装饰功能。中外服装设计师们都在领子的设计上绞尽脑汁，使领子在服装上起到画龙点睛的作用，故领子在服装中的位置是举足轻重的，难怪有人称领子为脸面的镜框。

领子装在领窝上形成独自的造型装饰效果，它是服装上最重要的结构之一。尽管领型式样千变万化，但都可以归纳为以下几大类别：无领片领型、立领、翻领、敞领和其他异形领（如图 1－0－1 所示）。不同的领

图 1－0－1　无领片领型、立领、翻领、敞领等

型反映出不同的服装风格特征，如无领领型简洁、舒适，使人显得随和、大方；立领端庄、严谨，能体现东方女性的稳重；平袒的圆领活泼可爱，适合于童装设计；驳领（西装领）庄重、沉着，常用于西服或套装中。

领子结构设计要根据款式设计图的要求，力求使平面的纸样符合立体的效果。无领类领型由于领窝不装领片，故要直接在前后衣片的领窝上进行不同外形的设计；立领类和翻领类的领子是随领窝的变化而变型的，它没有基样可言。一般来说领子可以脱离衣片进行独立设计，但低领线的平袒领由于其领底线要跟随领窝的形状，所以领子的造型要依据前后衣片的纸样；驳领类领子是由翻领和驳领组成的，而驳领要牵涉到衣片，故领子的设计要从衣片上进行。

各类不同的领子及其结构见图 1－0－2。

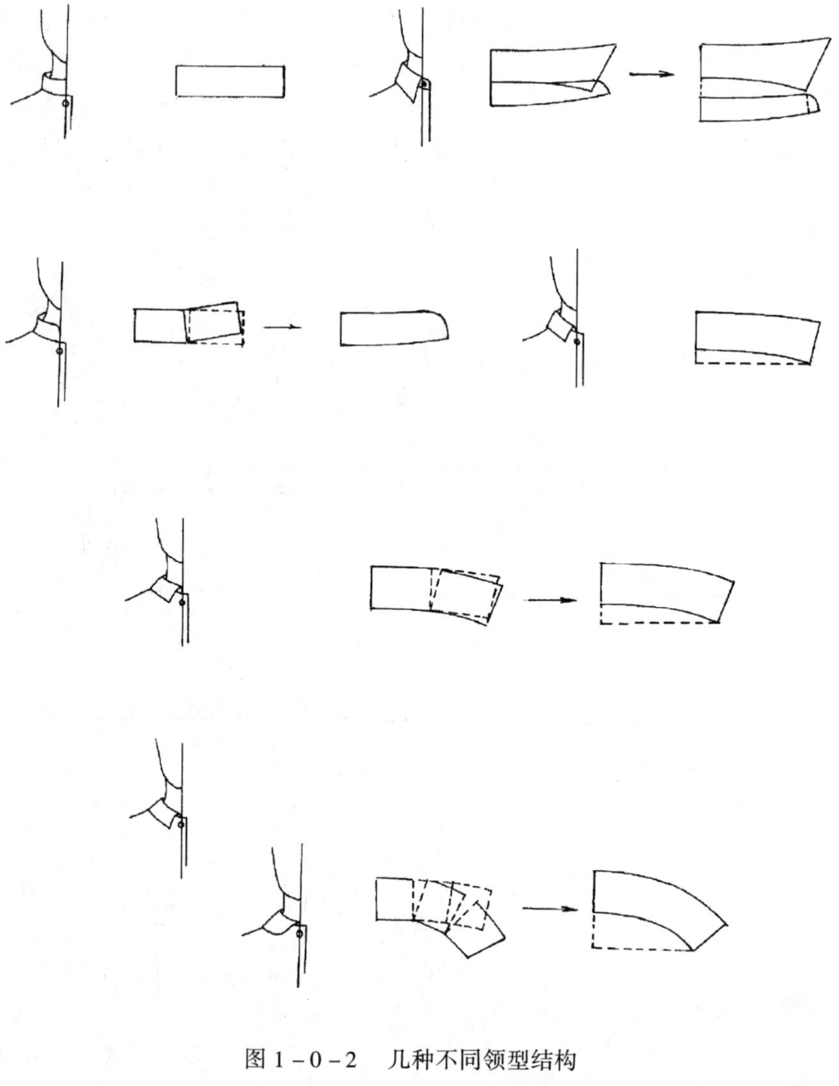

图 1－0－2　几种不同领型结构

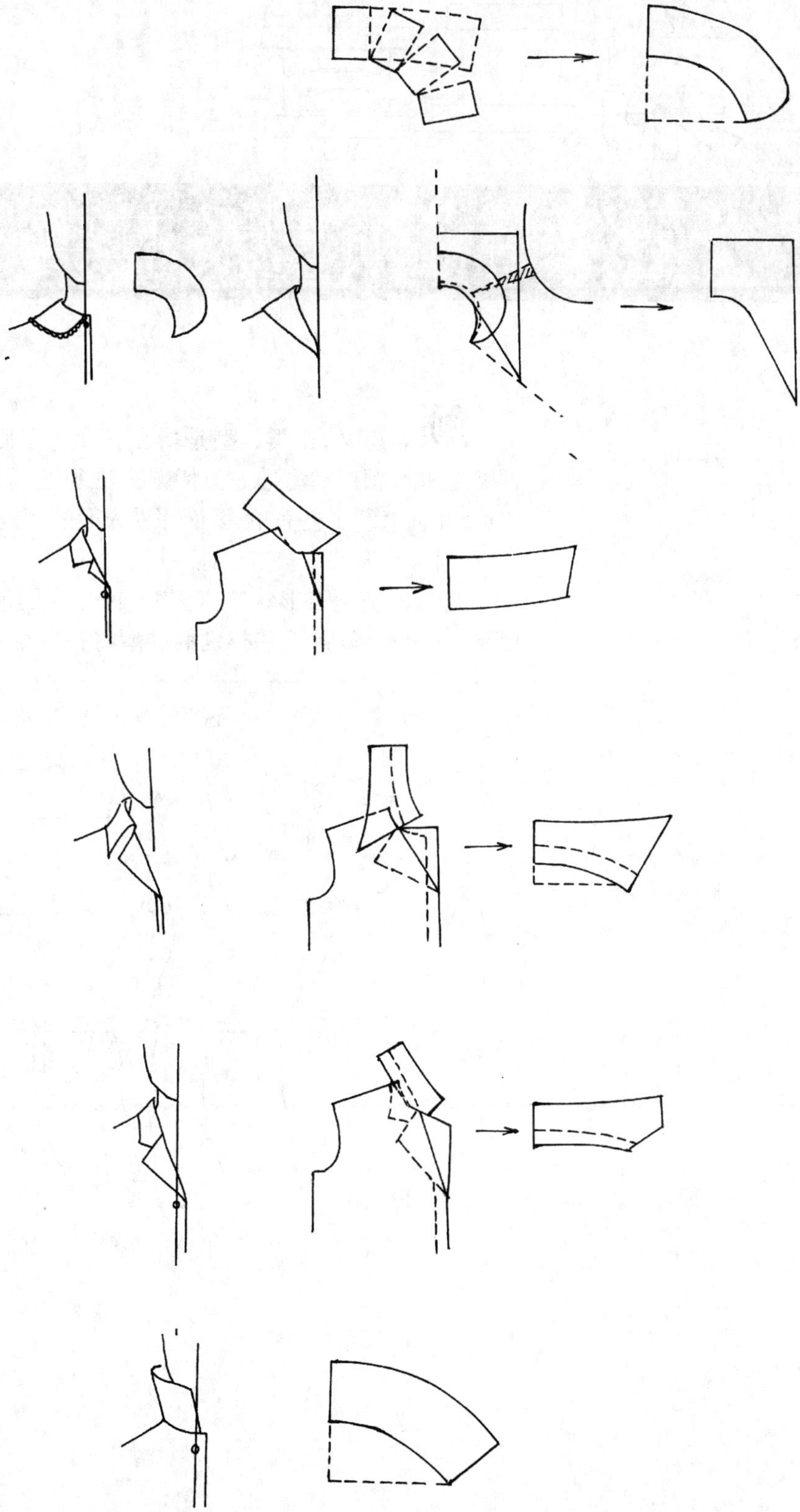

图 1－0－2　几种不同领型结构(续)

第二章

“无领片”领型及其变化

顾名思义，此类领型是指在衣片上不另加领片而直接在衣片的领窝上进行领口造型的一类特殊的领型。它具有简洁大方、轻便随意的特点，并且缝纫工艺简单，因而深受人们的喜爱，也是非常实用的领型之一，在衬衫和套装中被广泛地应用。

此类领型领口形状丰富多变，可分为圆形领(U形领)、V形领、方形领、一字形领等。这些类别的领型将在本章中一一加以介绍。

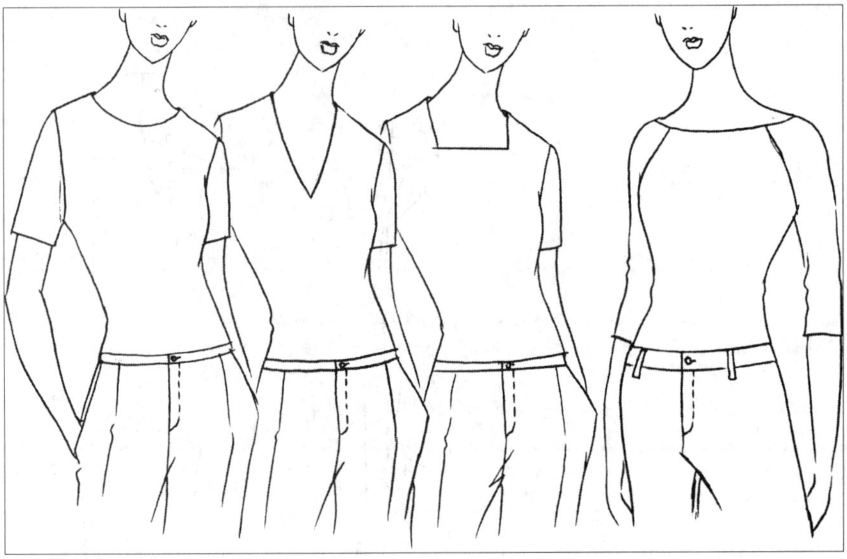

图2－0－1　几种“无领片”领型

第一节　圆形领领线及其变化

沿颈根部呈圆形的领口线叫圆形领领线。衣片原型的领口也属于圆领的一种。领口大小要根据设计的不同而进行变化。小的领口显得朴实,大的领口显得袒露。那些脖颈短而粗的人,较适合开口稍大一些的领型。

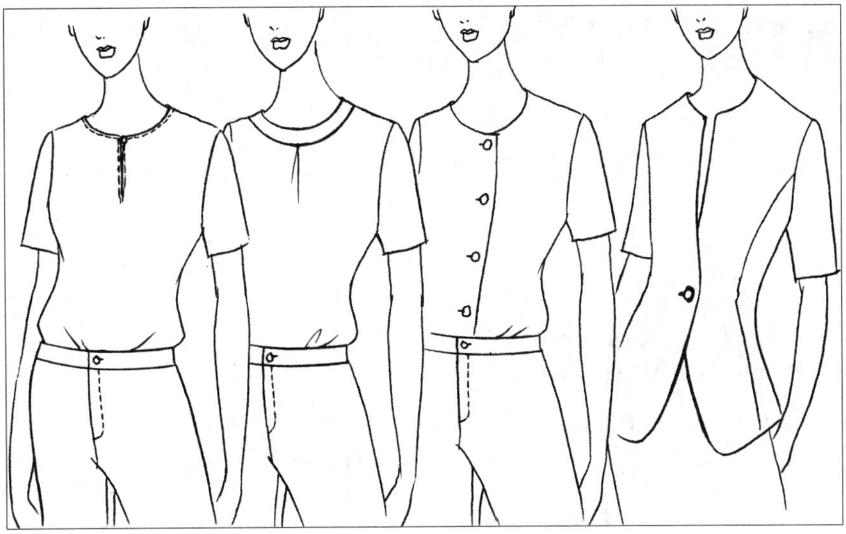

图 2－1－1　几种圆形领

制图要点:先在前后衣片上分别画出所需的形状,然后将前后衣片的肩线重叠,对齐肩颈点,检查领口线是否圆顺。原型上后领开深的尺寸,一般为在肩线上开口尺寸的 1/2～1/3,这样穿起来比较服帖,外形也美观。

具体方法可见图 2－1－2 至图 2－1－11。

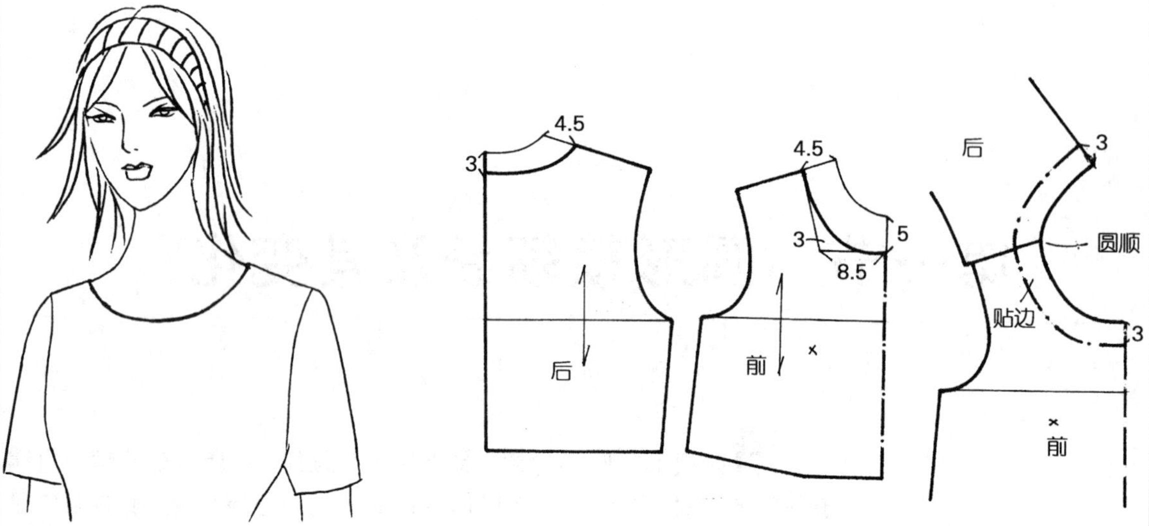

此款横开领较大，后直领也较深，只要头部能自由伸出，则不必考虑其他开口。如果在领围处饰以蕾丝，则能体现高雅华丽的气质。此款领常用于夏季的连衣裙中。

图 2－1－2

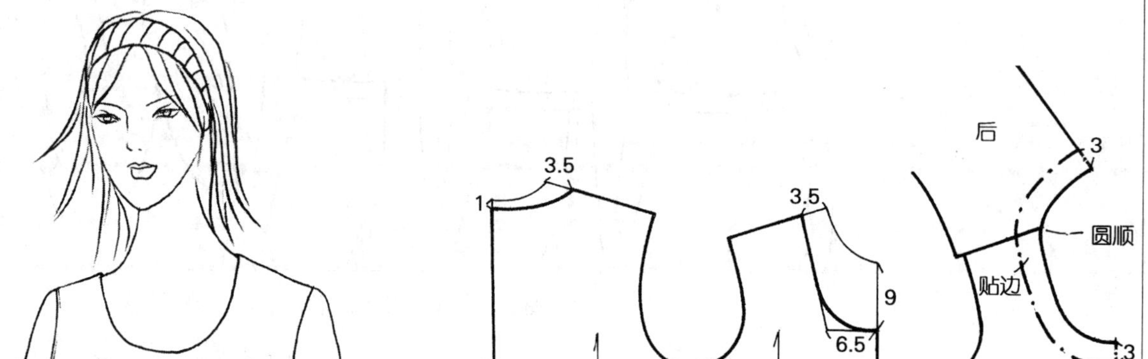

此款前直领较深，适用于夏季连衣裙。

图 2－1－3

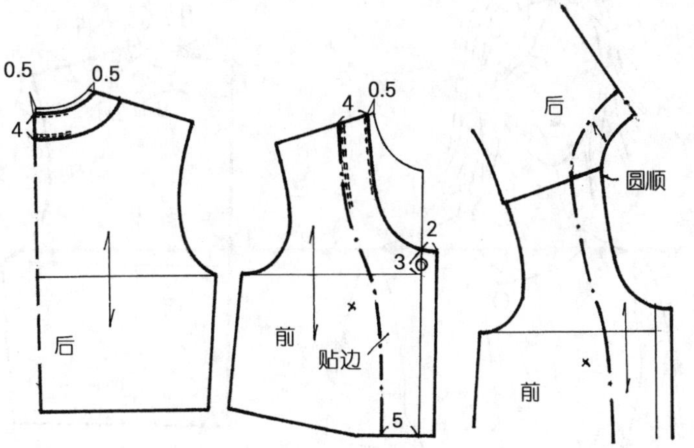

此款前直领开得较深，横领较贴颈脖根，适用于短外套。如果采用素色面料，可用粗的缝纫线车双道装饰明线，则能出现特有的效果。

图 2－1－4

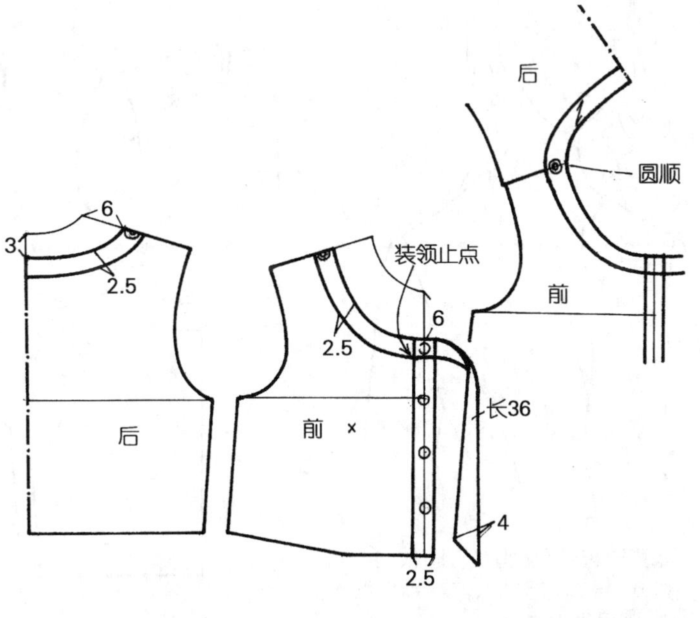

此款的圆领贴是外接上去的，并延长为前领飘带，系成蝴蝶结，给人以可爱的感觉。外领贴采用斜边。

图 2－1－5

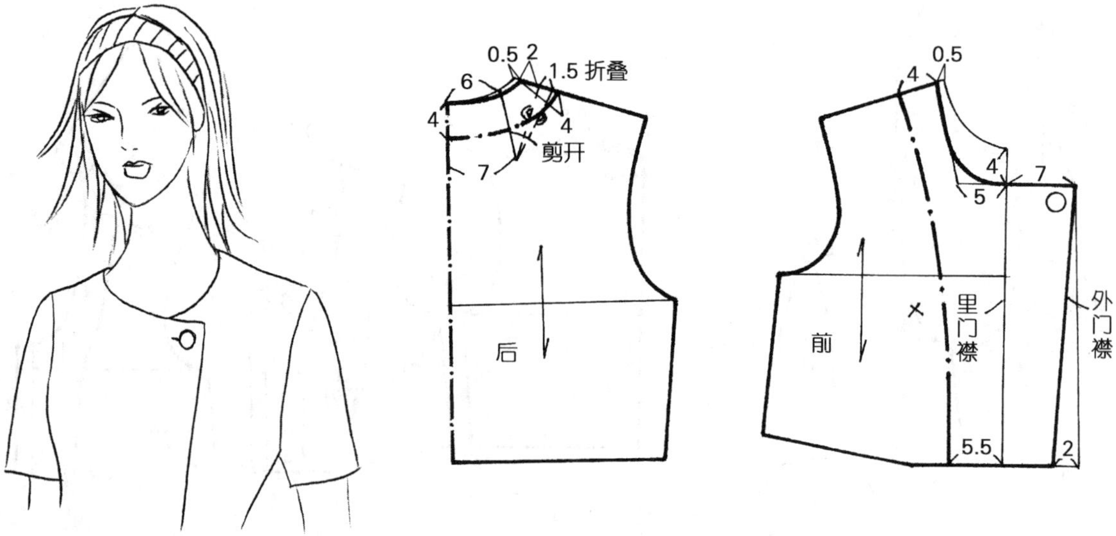

此款领在前片采用不对称偏门襟设计。若选用格子面料则有成熟又不失呆板的感觉。较适合于中老年女性春秋外套。

图 2－1－6

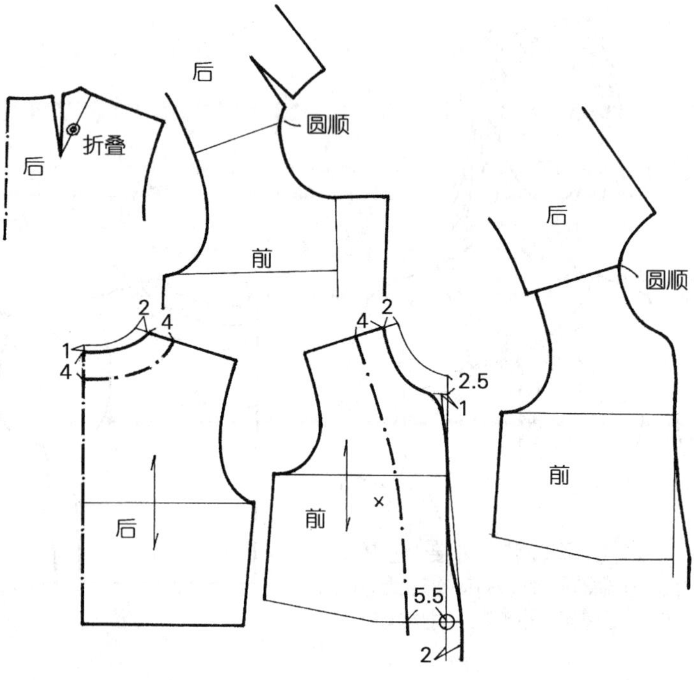

此款领深开至腰围线，前领口线呈弧线状，具有流动感。若在颈部配以丝巾，则显得富有变化。

图 2－1－7

此款在前中央设计了一个活褶，具有动感，较适合于薄型面料的短袖衫等夏装。

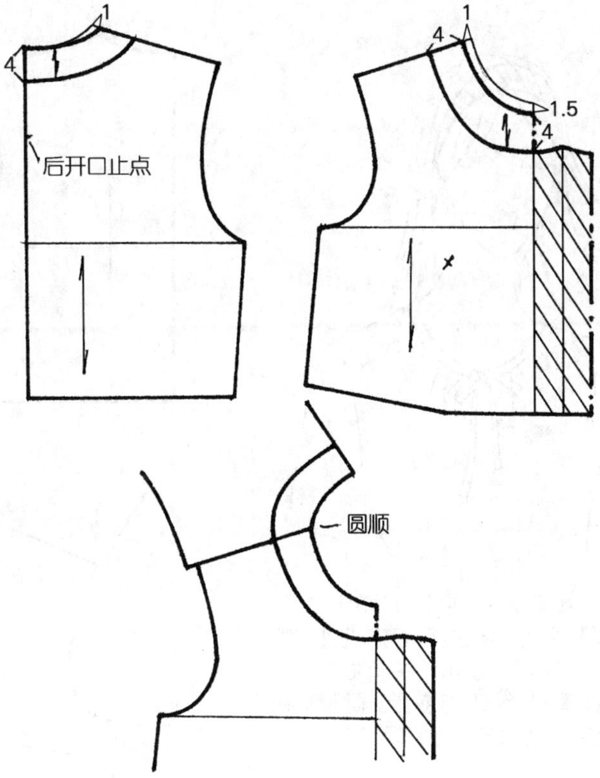

图 2－1－8

此款横开领紧贴颈根部，在前中央作开口处理，显得简洁、随意，适合家居服。

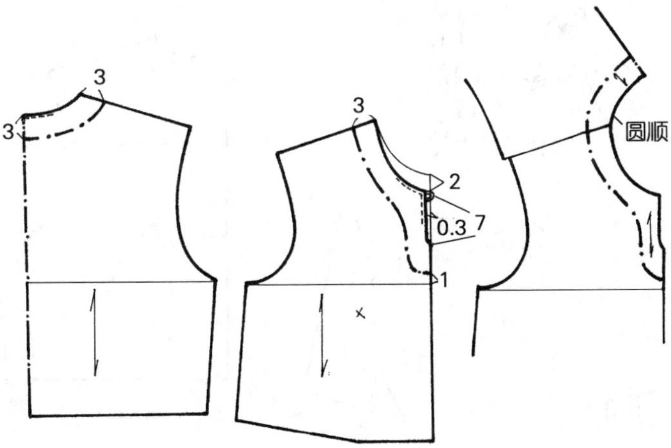

图 2－1－9

此款前领围抽细褶，前中央开口，领圈采用斜条进行滚边处理，滚条较长，延伸后在前中央打蝴蝶结，给人以精致、细巧的感觉。领圈裁剪时不放缝，面料的质地宜轻薄。

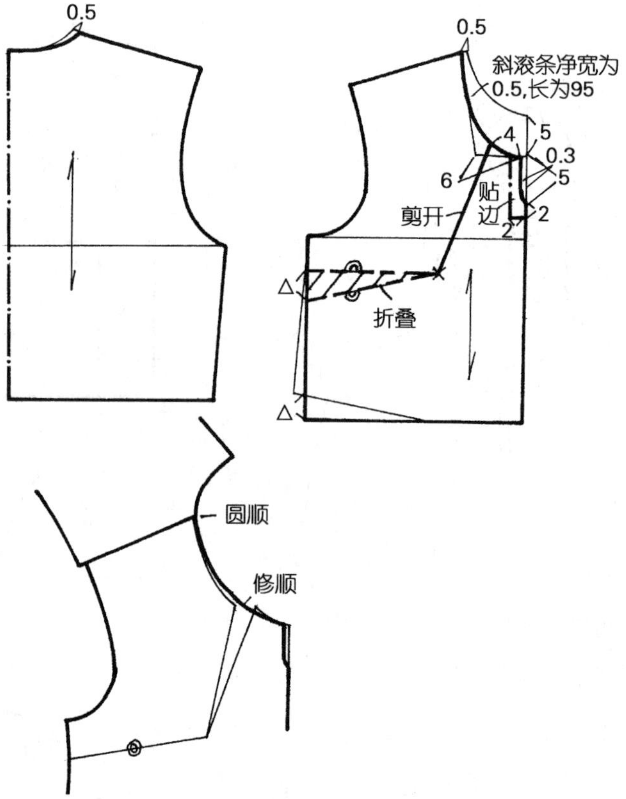

图 2－1－10

此款为 T 恤领，前中央另加门襟布，适用性较广，具有运动、健康之美感。

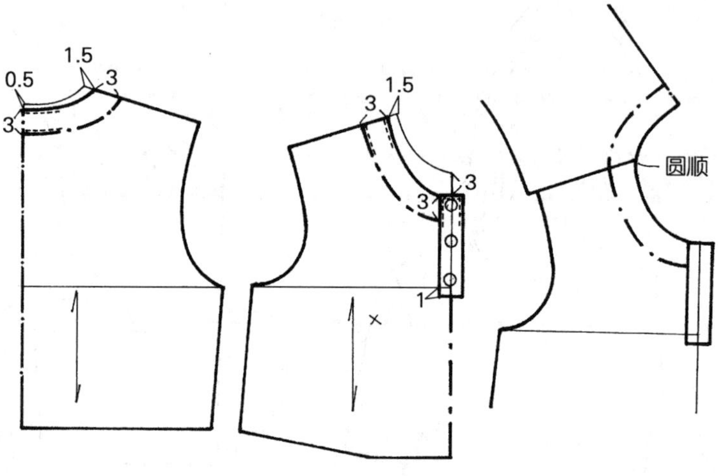

图 2－1－11

第二节 V形领领线及其变化

V形领的样式有紧贴脖根的V形领，有细长的V形领，还有短的V形领。它给人以成熟的感觉，因此深受成熟女性的喜爱。其应用范围较为广泛，如衬衫、连衣裙、套装上都可以应用。套头式V形领的深度除了夜礼服外，一般开口最深可开到原型的胸围线附近，若要再开深就要垫上挡胸布了。若是套装式的V形领，其深度可根据需要来确定。

图2-2-1　V形领领型

制图要点：同圆形领。如果是紧贴脖根的V形领，后领深可以在原型基础上上移0.3～0.5 cm，这样外形就会更漂亮些。

具体方法可参见图2-2-2至图2-2-9。

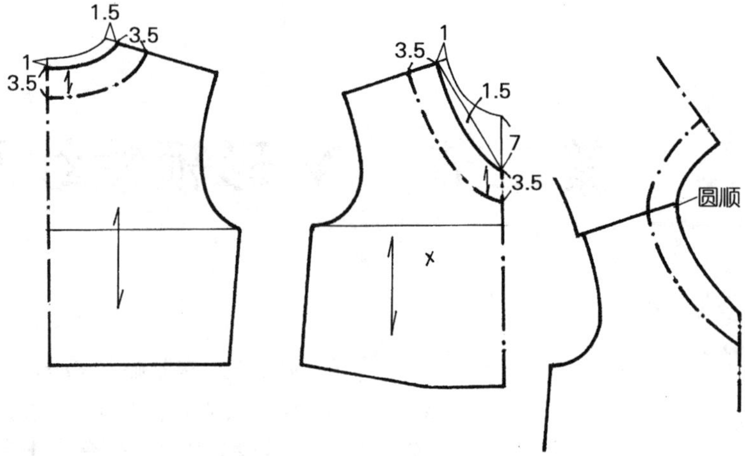

这款为浅 V 形领，领围稍离开颈根。可用于夏装中的短袖、连衣裙。

图 2－2－2

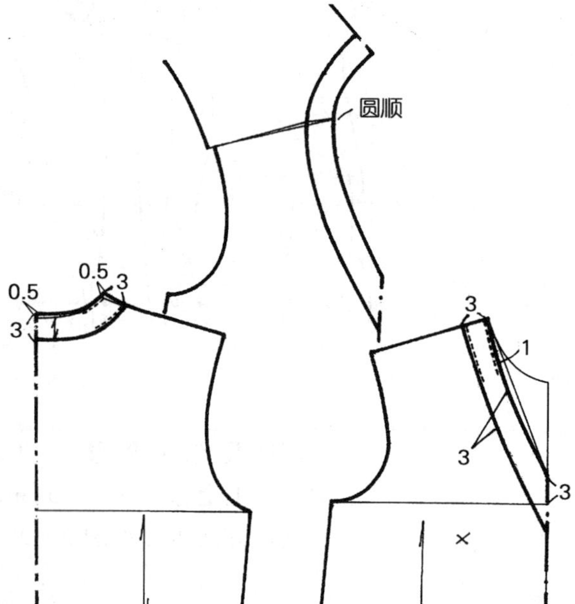

该款为中等深度的 V 形领，领围紧贴颈部，使颈部显得修长。领贴外接，既可采用本色布镶接，又可采用异色布镶接。若采用异色布镶接，则能增强强度。

图 2－2－3

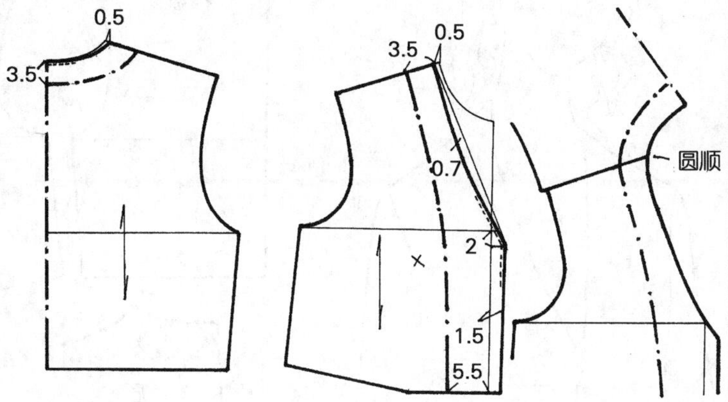

此款为 V 形领开衫，在领围及门襟处缉装饰明线，适合于春夏季套装。

图 2－2－4

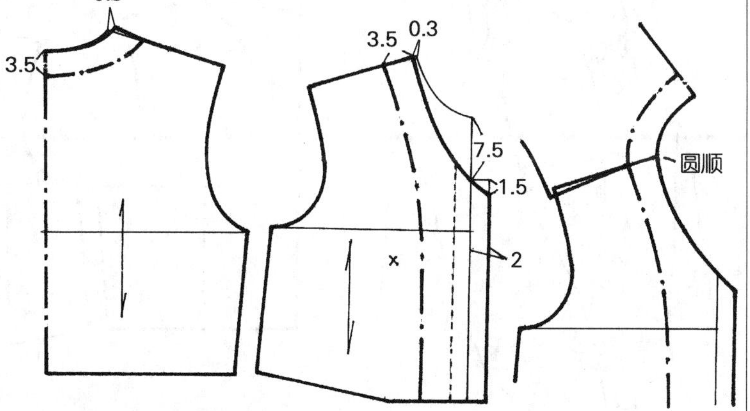

此款为 V 形领暗门襟开衫，适宜用薄型面料制作，其外形简洁、明快。

图 2－2－5

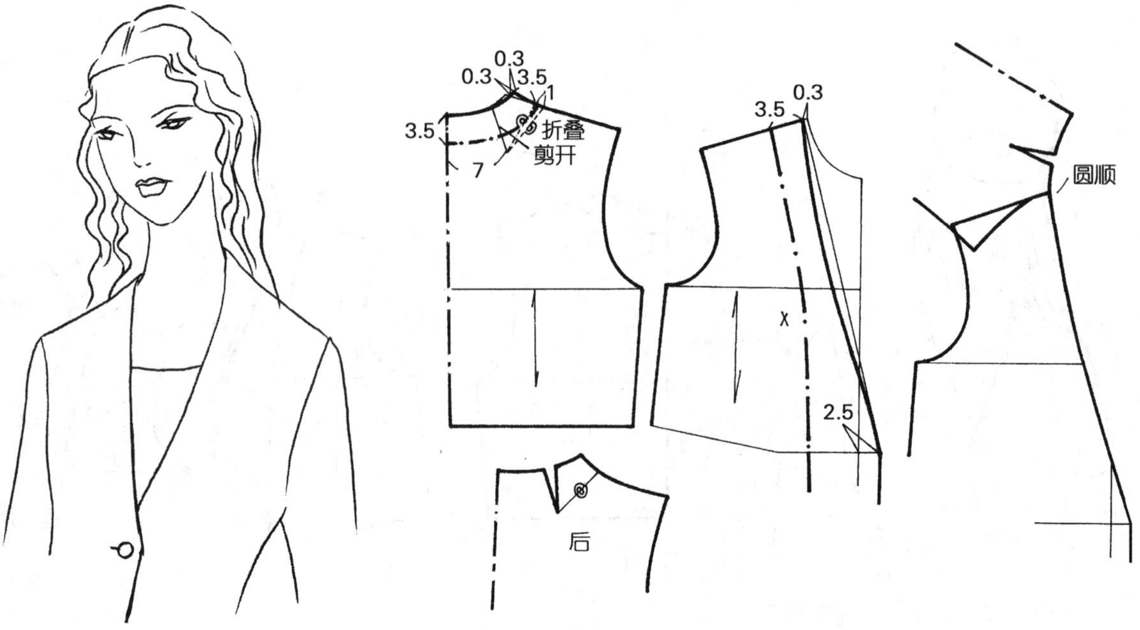

此款后领收省，V 形领开口深至腰节，适合于春秋季合体的套装。缝制时领线要拉牵条。

图 2－2－6

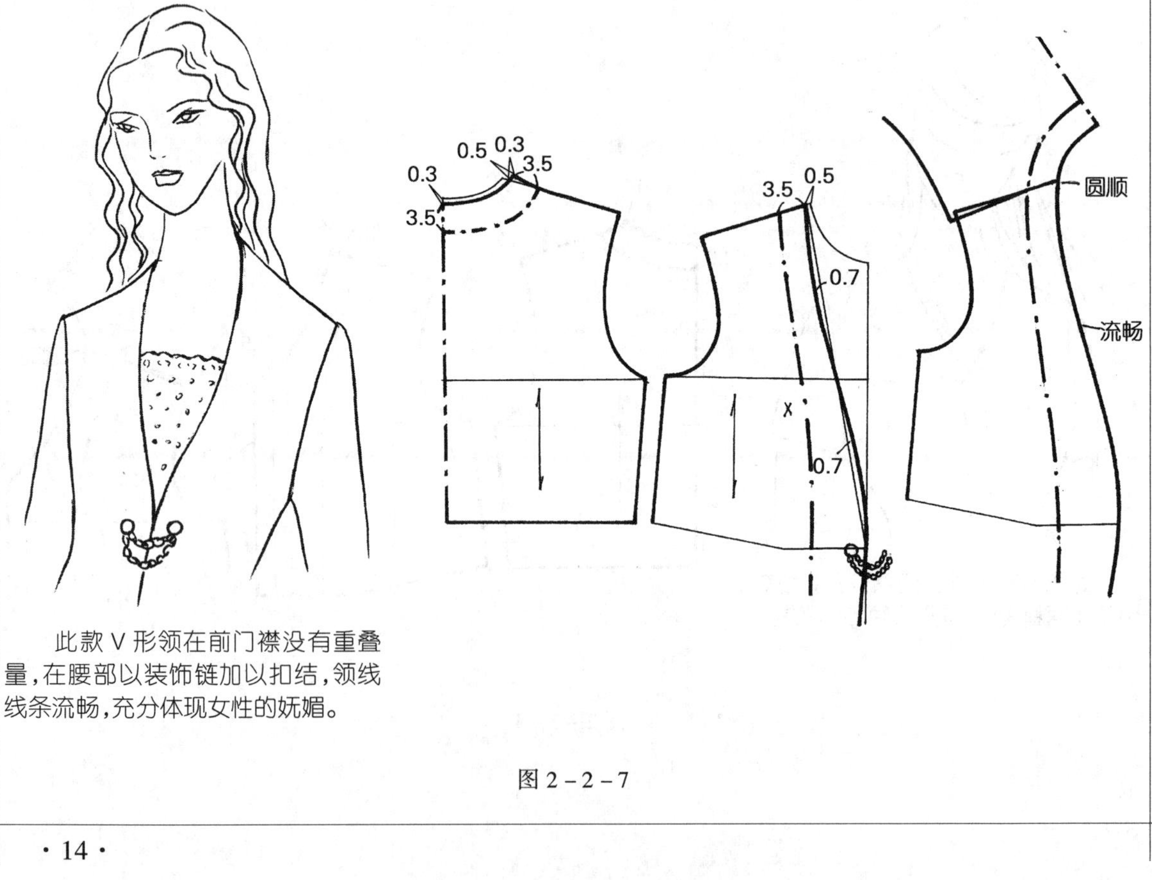

此款 V 形领在前门襟没有重叠量，在腰部以装饰链加以扣结，领线线条流畅，充分体现女性的妩媚。

图 2－2－7

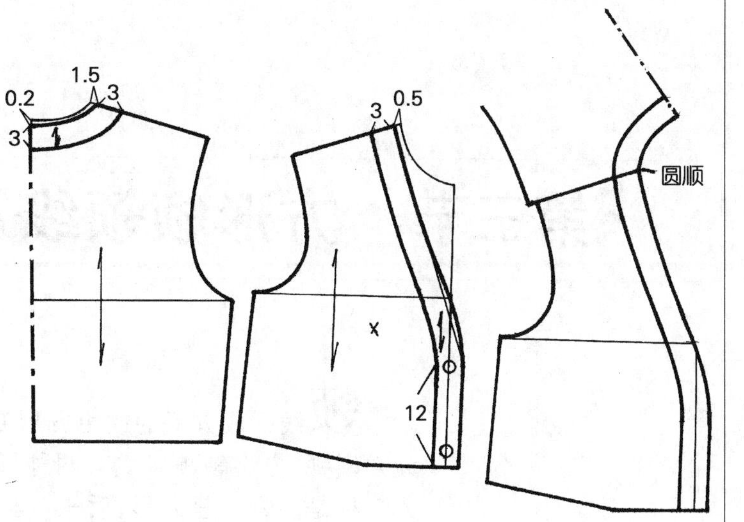

此款 V 形领采用领贴边外镶接的方法，因此前衣片不用挂面，适用于春秋季短外套。

图 2－2－8

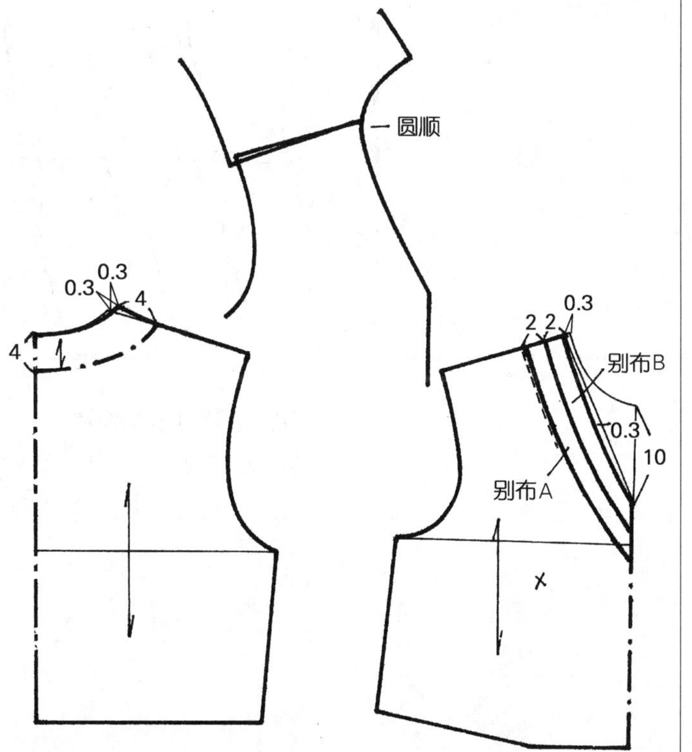

此款前领采用镶两种别布的方法，使朴素的 V 形领显得别致。

图 2－2－9

第三节　方形领领线及其变化

领线开成方形的或由方形变化而形成的呈角状的领口线统称为方型领。方型领领口线有两种形式，一种是前后领口都开成方形，另一种是前领口呈方形，后领口呈圆形。同圆型和V型领相比，方型领更具有个性。它和圆型领一样，领口开大会增加袒露感。

图2－3－1　几种方形领

制图要点：同圆形领。

具体方法见图2－3－2至图2－3－9。

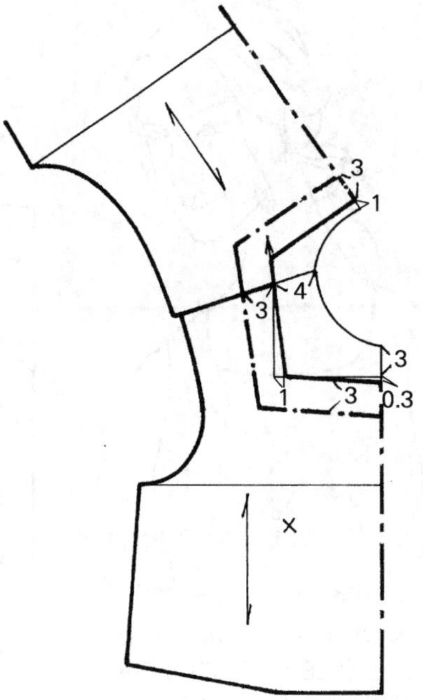

此款是较标准的方形领，在颈侧点开的量较小，故前后横开领尺寸相同。若横开领要再开大，前横开领就要比后横开领少 0.5 cm，这样前领中心才不会起浮。后领口的角度应由前领口线的延长线决定，后领角也可设计成圆弧状。

图 2－3－2

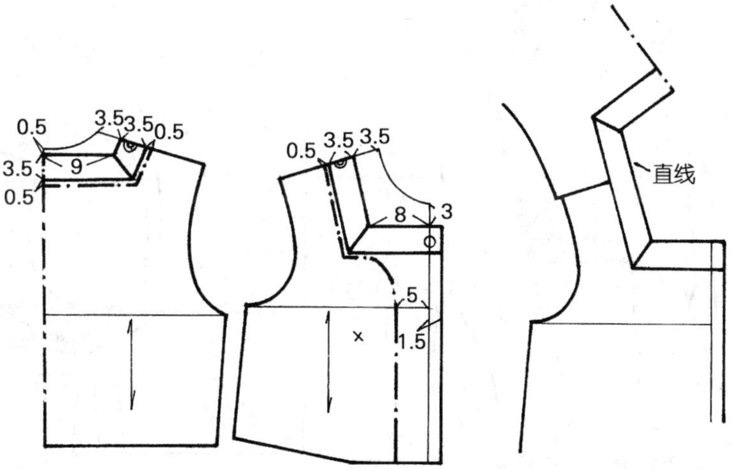

此款为方形领角外镶接布而成画框状，外镶接布可用别布或蕾丝。前后颈点的连接线要成直线。

图 2－3－3

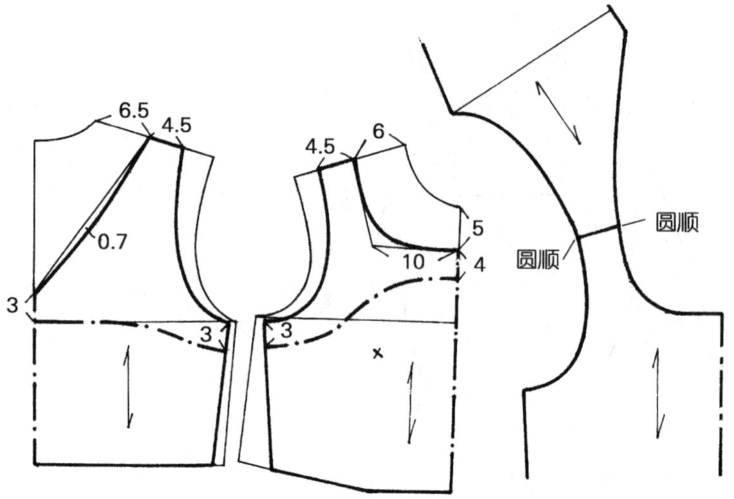

此款前领口呈方圆形，后领口呈V形，适用于夏装。由于颈侧点远离颈根，故后横开领要大于前横开领。

图 2－3－4

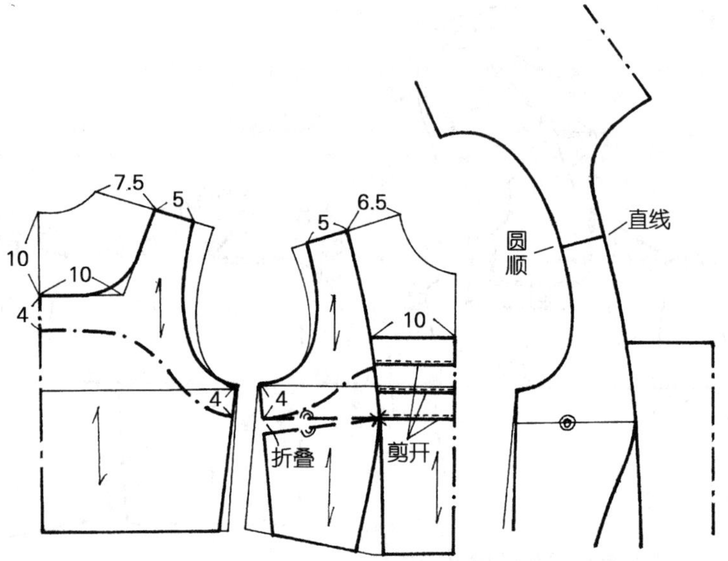

此款前领口呈方形，后领口呈方圆形，与前一款同理，后横开领要大于前横开领，前领侧的分割线要将省道并入。

图 2－3－5

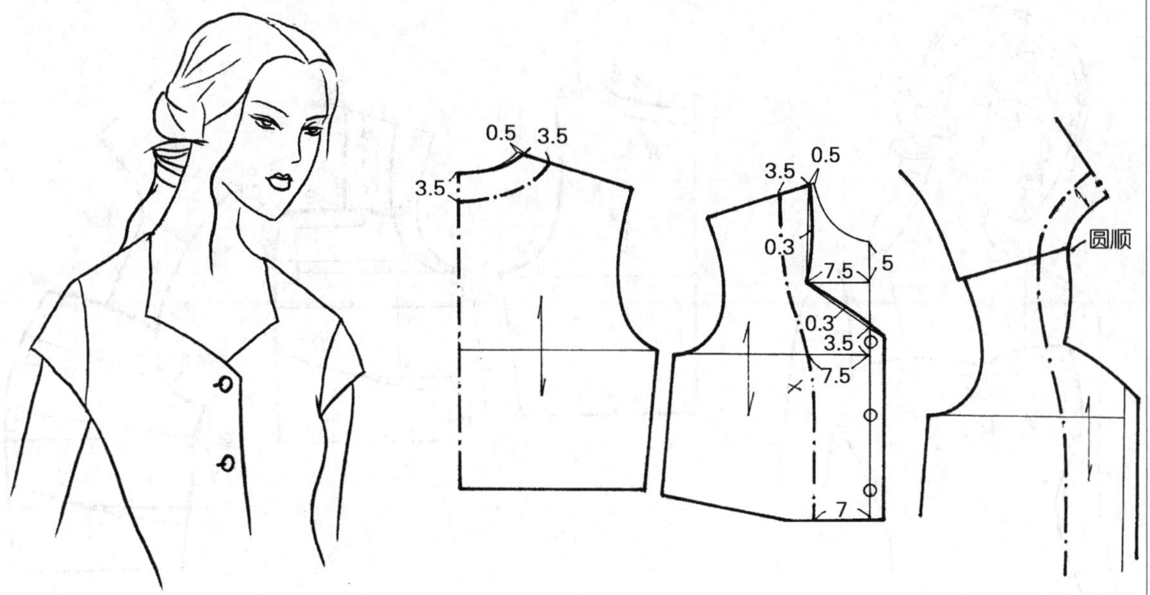

此款为方形领线的变化形式，适用于夏季服装，面料宜选用较有挺度的纯棉。

图 2－3－6

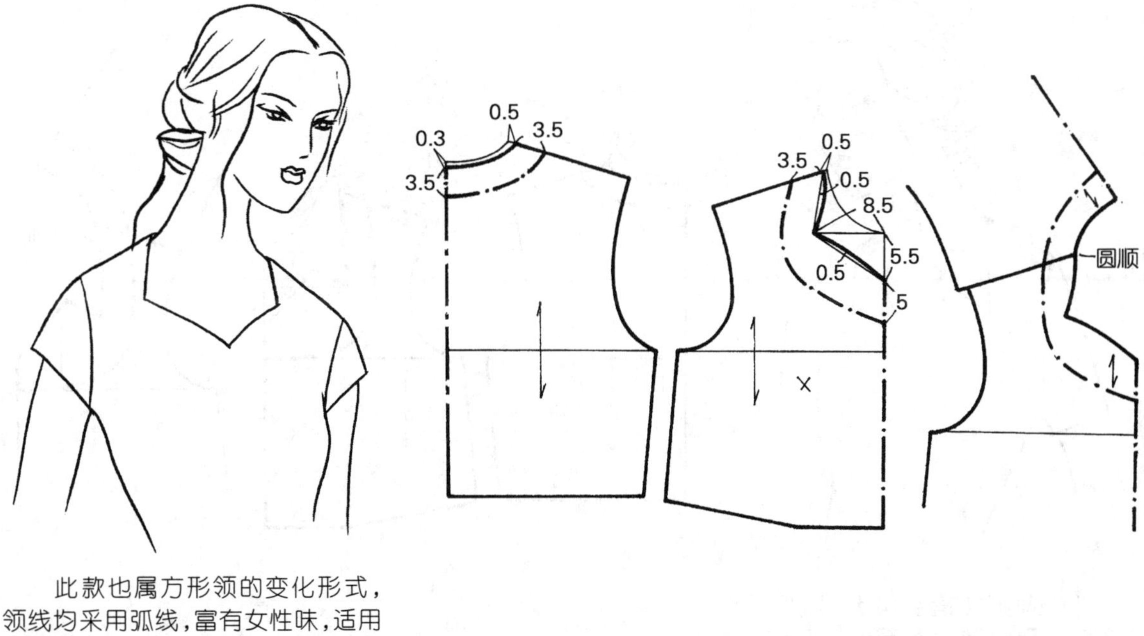

此款也属方形领的变化形式，领线均采用弧线，富有女性味，适用于夏装。

图 2－3－7

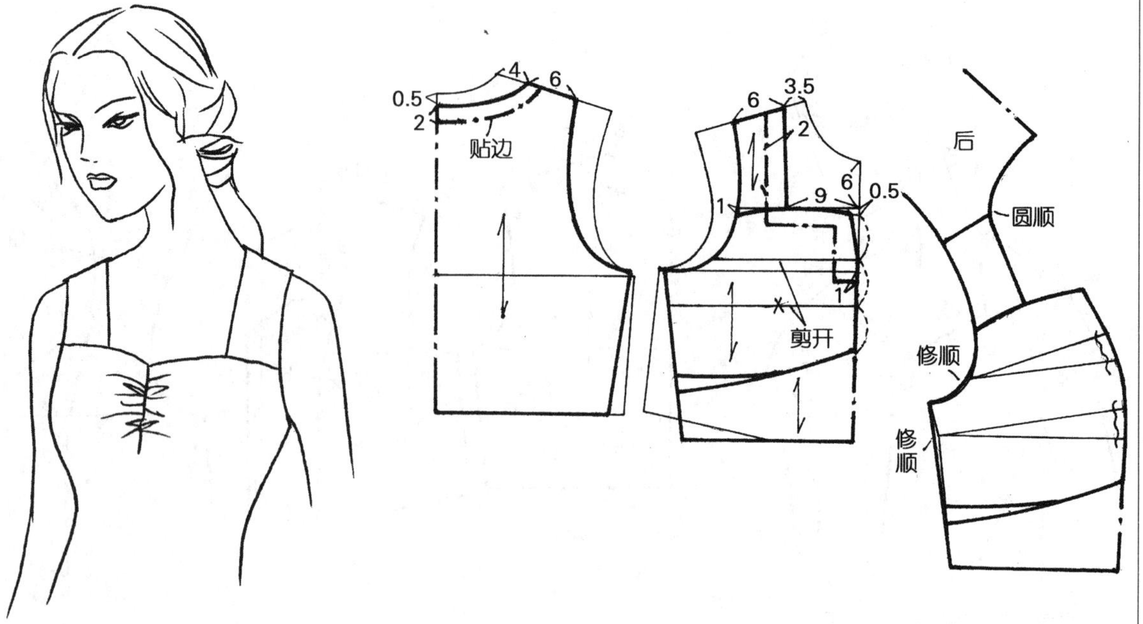

此款的特点在于前领口的下方胸部外抽细褶，采用柔软的面料制作较适合。

图 2－3－8

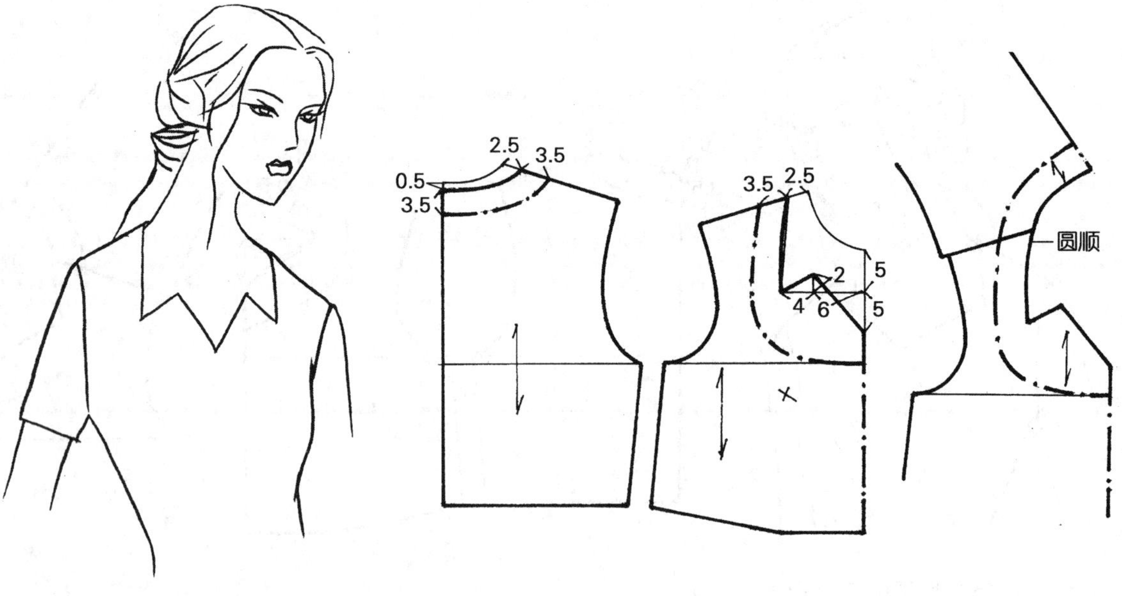

此款的前领口呈尖角状，缝制时要注意尖角的部位不能起毛。该款比较具有个性。

图 2－3－9

第四节　一字形领领线及其变化

一字形领是把领口横向开大，前领口按原型或在原型基础上提高，像船的形状，故也叫船形领。它给人以直率、袒露的感觉，常被用于连衣裙及夏季时装中。

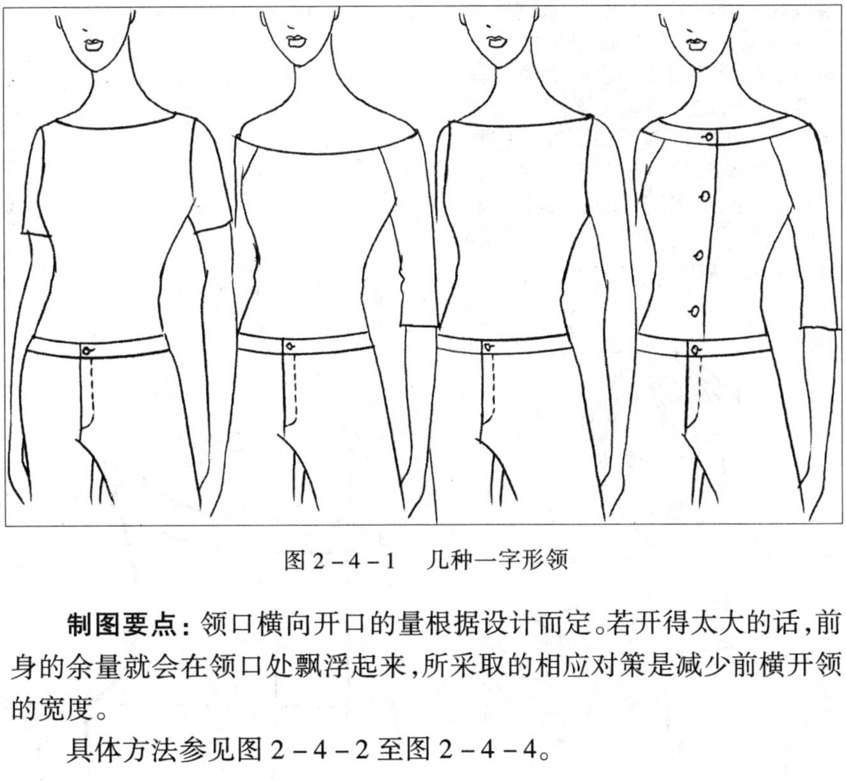

图 2－4－1　几种一字形领

制图要点：领口横向开口的量根据设计而定。若开得太大的话，前身的余量就会在领口处飘浮起来，所采取的相应对策是减少前横开领的宽度。

具体方法参见图 2－4－2 至图 2－4－4。

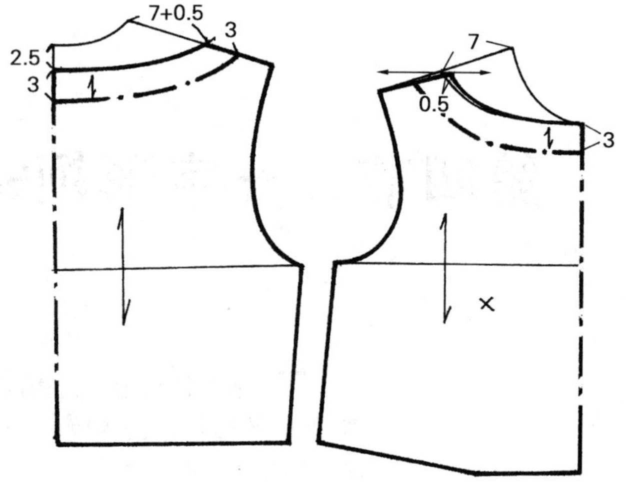

此一字领的前领深在基础纸样的前领点。因一字领的横开口开得很大，故前领口会产生飘浮，解决的方法有两：(1) 前片在基础纸样的肩线上使前领口线沿水平方向向里移 0.5 cm，缩小领口，该尺寸可根据领口开大的程度和锁骨突出的情况，以及鸡胸体状况等有所变化。(2) 后肩线比前肩线开大 0.5 cm，目的是为了分散肩省量，符合肩胛骨干突出的需要。

图 2－4－2

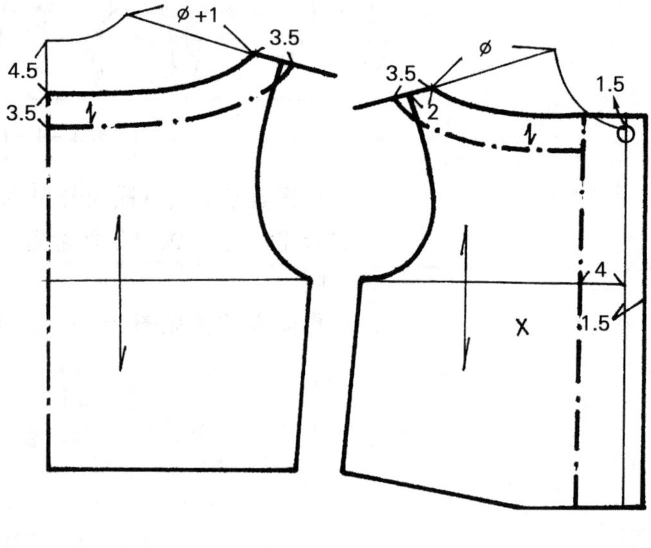

此领开至肩点附近，为减少前领口的飘浮量，前横开领比后横开领减少 1 cm，前直领深比基础纸样前颈点上提 1. 5 cm。

图 2－4－3

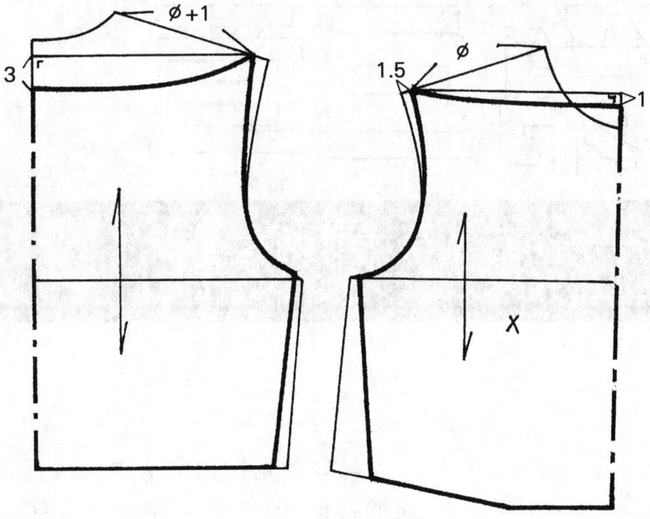

该款的特点是前领在基础纸样上提高，而后领在基础纸样上下降，横开领开至肩点。工艺上应采用滚边的方法，先将前后领围各自滚边，再将前后袖窿连续滚边。此领具有很强的现代感，适合于连衣裙、短上衣等夏装，面料宜薄。

图 2－4－4

第三章

立领及其变化

立领是指领子从领窝线直立、环绕脖子的领型，它具有端庄、严谨的特征，能体现东方女性的稳重。立领中我们最为熟悉的就是旗袍领，它是旗袍特有的领型。

由立领而引申出的变化形式也是丰富多样的，主要可归纳为：翻卷立领、连衣立领、蝴蝶结领、飘带领等。这些类别的领型将在本章中一一加以介绍。

图 3－0－1　几种立领领型

第一节　基本型立领及其变化

立领的基本型是指不带任何变化的直条，见图 3－1－1。

图 3－1－1　立领的基本型

图 3－1－2 是立领各线条的名称，领形左右对称。立领的造型要求领子抱脖，符合脖颈形状，所以要根据脖颈上小下大的近似圆台形特点进行处理。

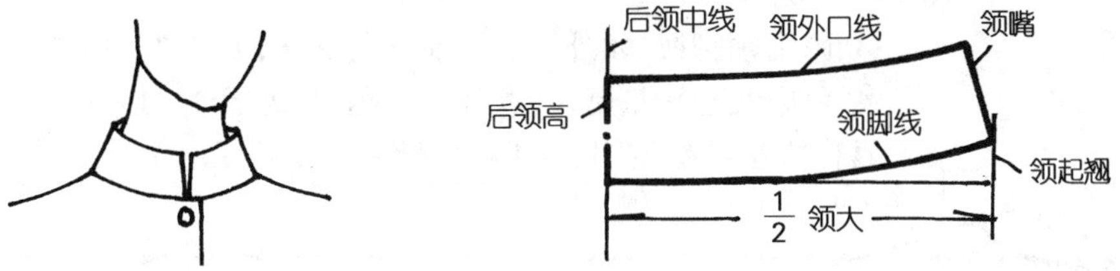

图 3－1－2

图 3－1－3 是根据颈根围不同长度，把立领外口线均匀的缩短，缩小量主要集中在前领部分，原因是颈后部向前倾的角度和颈根的坡度略近垂直。在领脚线不变的情况下，领外口线缩短，领脚线弯曲上翘，这就是立领起翘的原理。

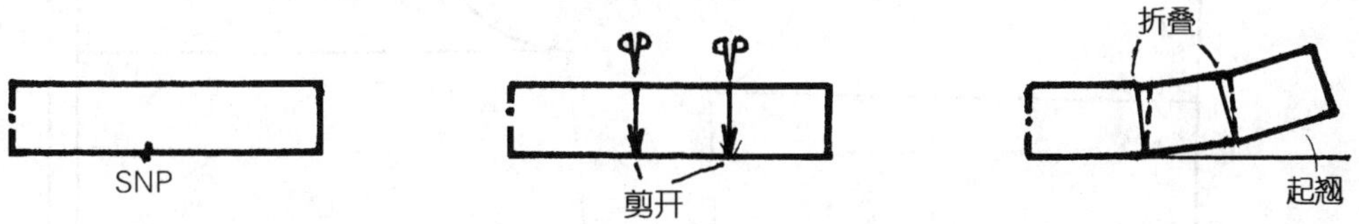

图 3－1－3

立领的起翘量直接影响立领抱脖的紧密程度。起翘量越大，领外口线就越短，立领抱脖越紧，但领外口线缩短是有限的，即保证穿上后不能紧卡住脖子；相反，起翘量变小，领外口线就变长，领子上口远离脖子，形成向外张开的形状，变成倒立领，见图 3－1－4。此种领型由于造型夸张，故在日常生活装中不多见。

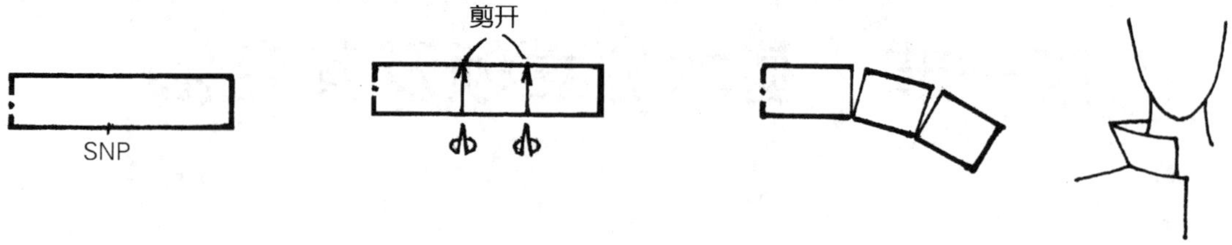

图 3－1－4

立领的起翘量与衣片的横领宽也有一定的联系：

① 一般立领前中央起翘量为 0.6～1.5 cm，衣片的领围线按照原型。

② 若前中央起翘量为 3 cm 左右，则原型的前后横领宽必须开大 0.3 cm；其原因是起翘量加大后，领外口线变短，限制了脖子的活动，此时只有增大领脚线的长度，才能使领外口线变长。

③ 若前中央起翘量为 4 cm 左右，则原型的前后横领宽必须开大 0.6 cm，其原因同②中。

制图要点：

① 量取前后衣片领口线的长度，见图 3－1－5。

② 画直角线，确定前后领口线长、后领高及前中心起翘量，见图3－1－6。

③ 画出领脚线、领外口线及前领角形状，见图 3－1－7。

④ 前中线起翘量越多，领外口线越短，见图 3－1－8。

具体方法可参见图 3－1－9 至图 3－1－21。

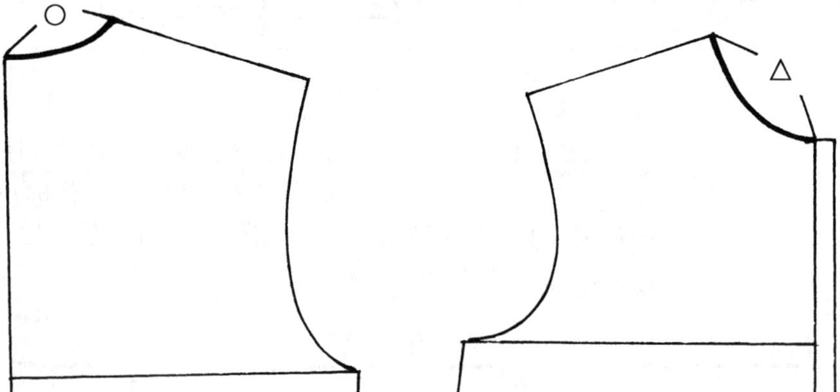

图 3－1－5

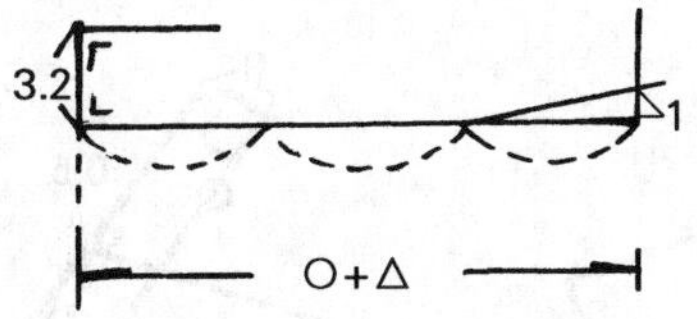

图 3－1－6

图 3－1－7

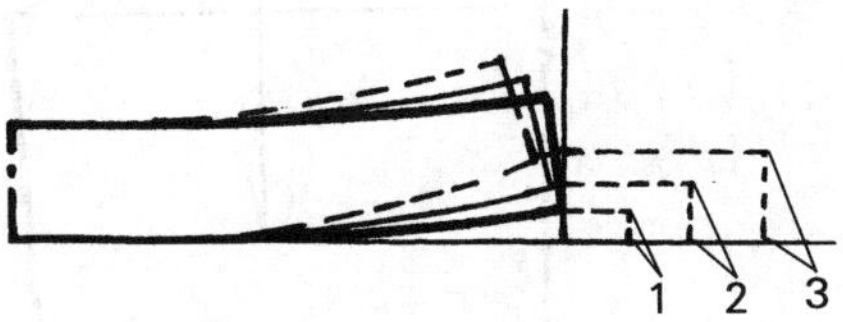

图 3－1－8

这是前中线不重叠的立领，是较为标准的一种领型。领高可根据个人喜好自由确定，但最高量一般以不妨碍脖子自由活动为宜。

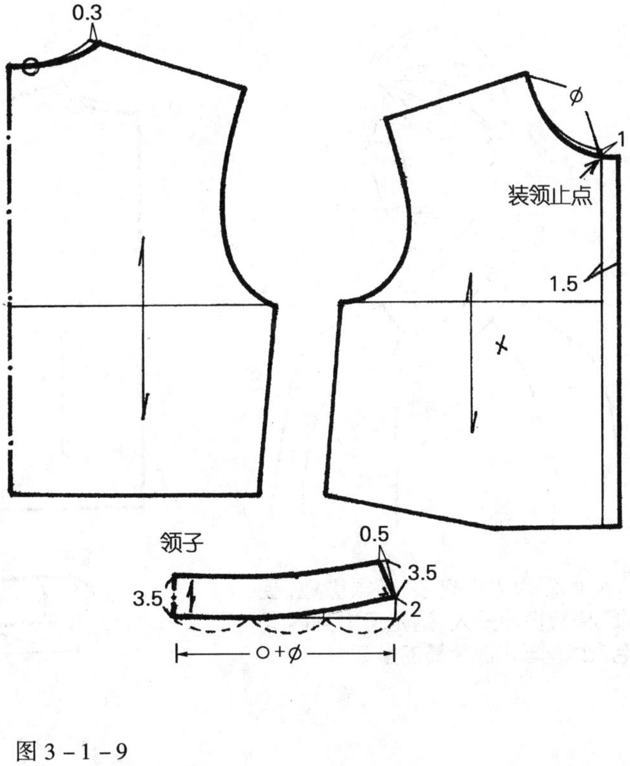

图 3－1－9

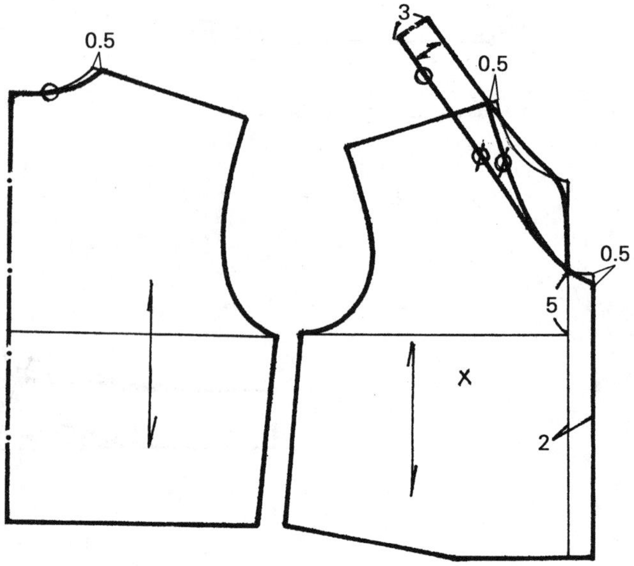

这是立领的变化形式，前领线下移，前中心不重叠，适合于春夏装。

图 3－1－10

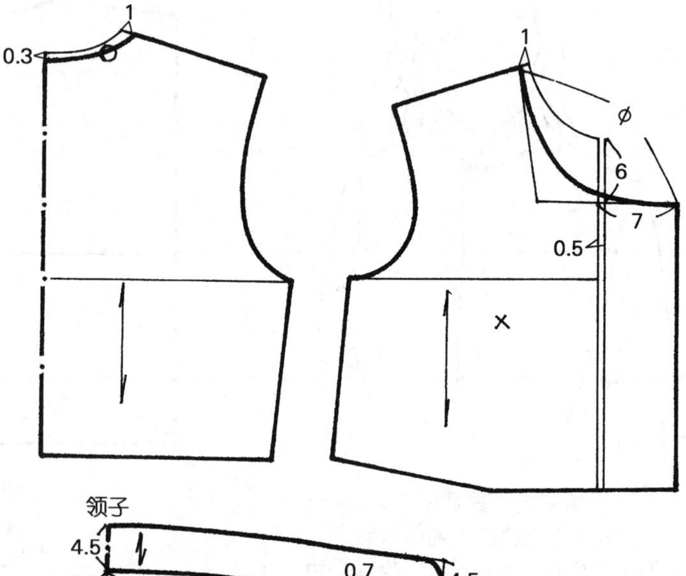

此款为大衣立领，前领重叠，直领较深，横领开大，这是考虑到内穿毛衣或配丝巾时所需的量。

图 3－1－11

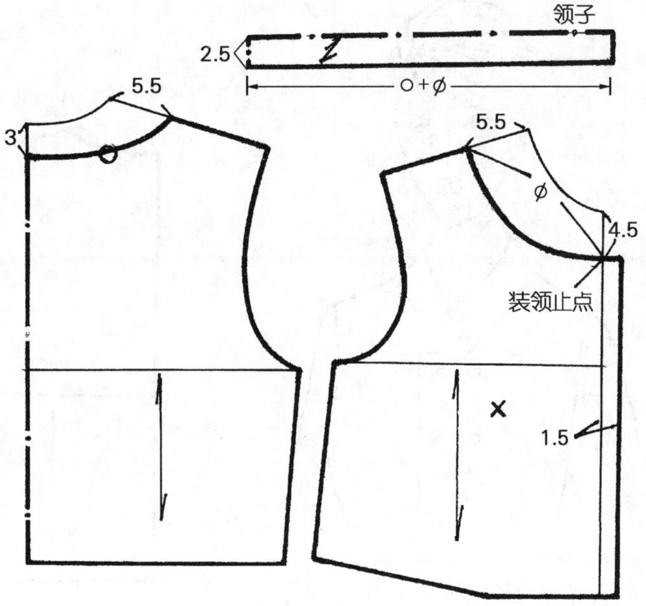

此款领围很大，领子采用斜条对折，显得别致，适合于年青人穿着。

图 3－1－12

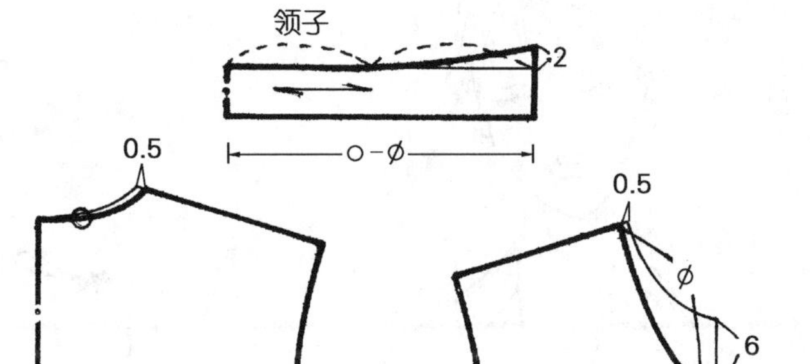

此款的领底线较离开脖子，但领外口线贴着脖子。

图 3－1－13

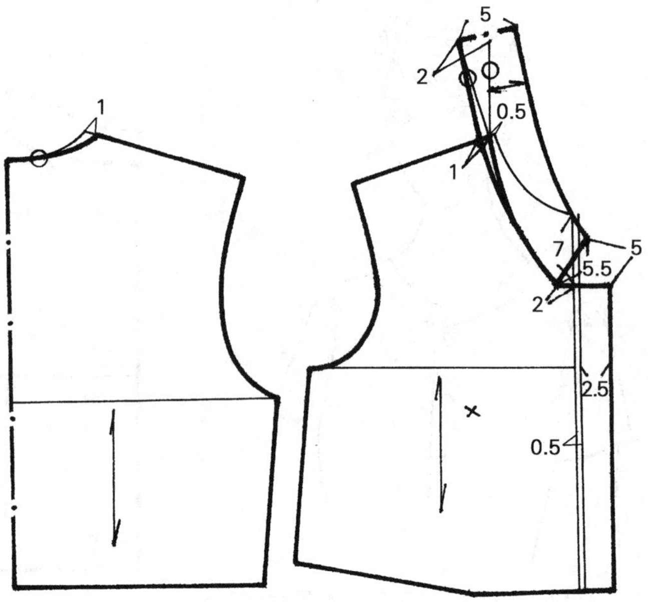

此款在立领的领尖上加以变化，适合于有个性的女性穿着。

图 3－1－14

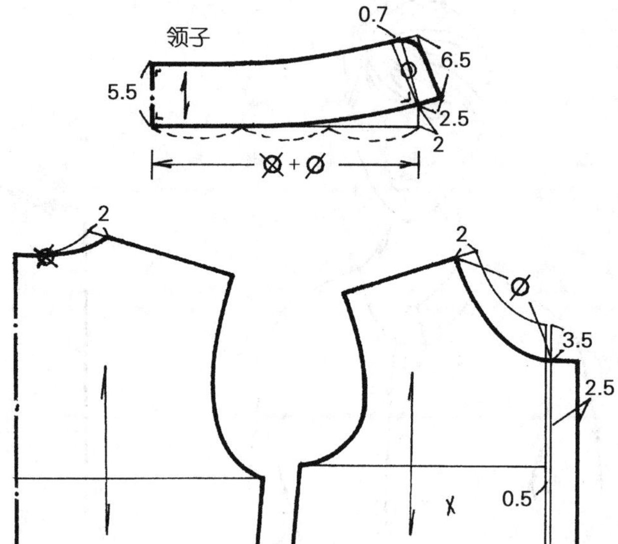

这是领宽较宽的立领，横开领较大，适合作风衣、大衣的领子，面料宜选用毛料或麻纱混纺织物。

图 3－1－15

该领宜采用针织罗纹织物，常用于茄克衫中，男女老少都适宜穿着。缝制时，要注意前领底线加以缩缝。

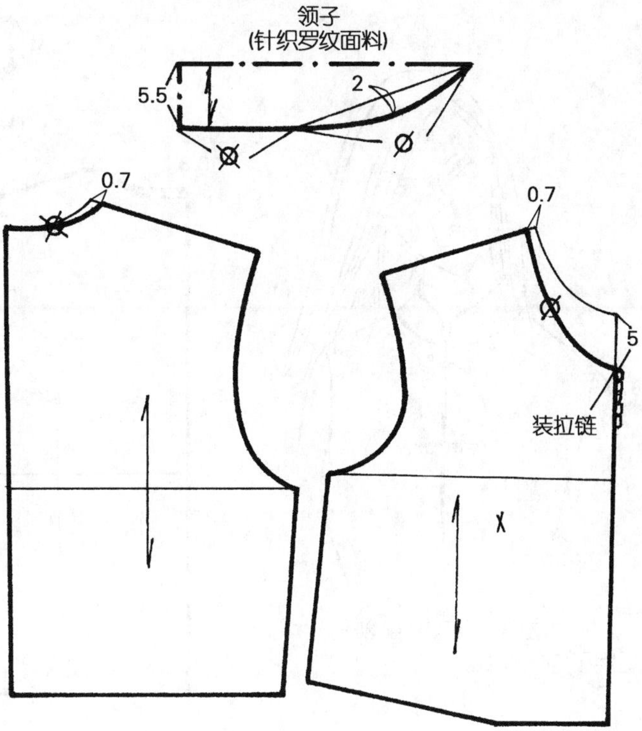

图 3－1－16

该领常用于运动服中，其特点是拉链从领子开始往下装，可开可闭，显得休闲随意。

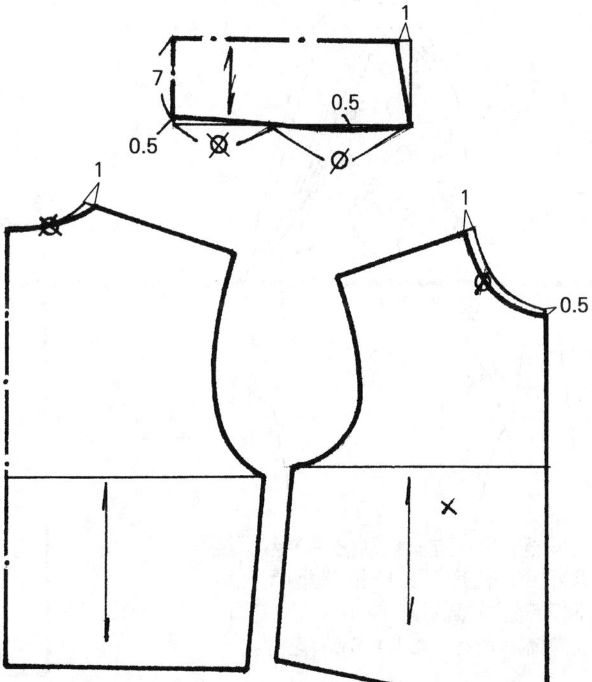

图 3－1－17

此款为中式立领，前领稍开深，适用于中式服装。

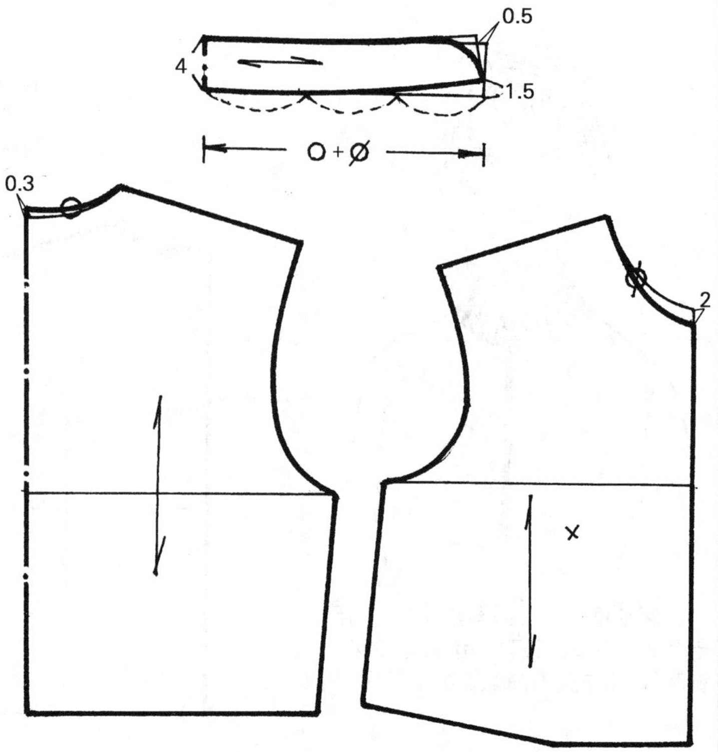

图 3－1－18

这款为标准旗袍领，衣片领线紧绕脖根，领外口线紧贴脖子，造型严谨。旗袍领的后领高宜在 5 ~6.5 cm 之间，起翘量一般在 1.5 ~1.8 cm 之间。

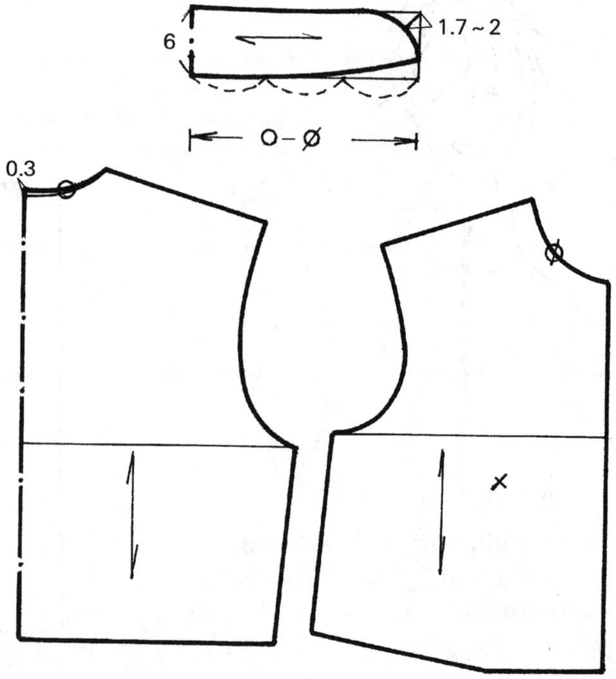

图 3－1－19

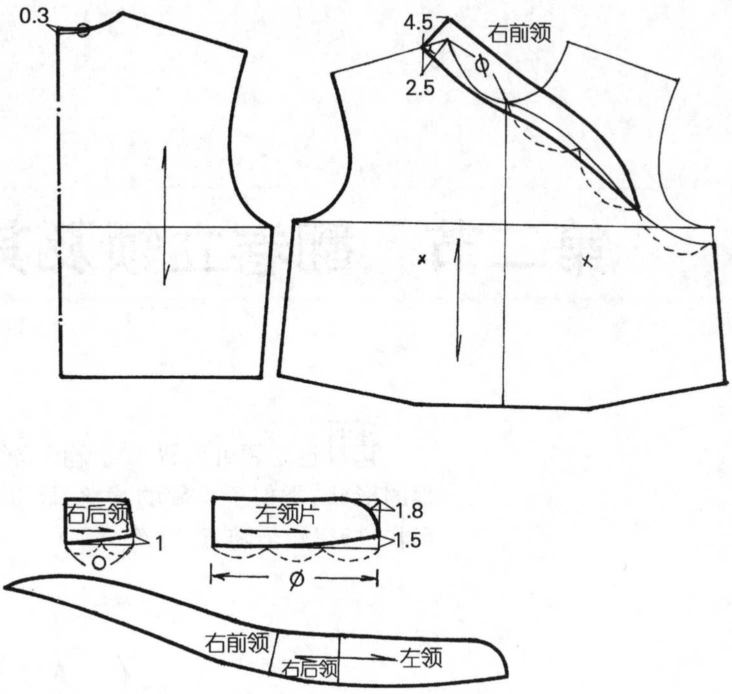

该款为旗袍领的变化形式，左右不对称，采用先分片制图后拼合的处理方法，具有古典韵味。

图 3－1－20

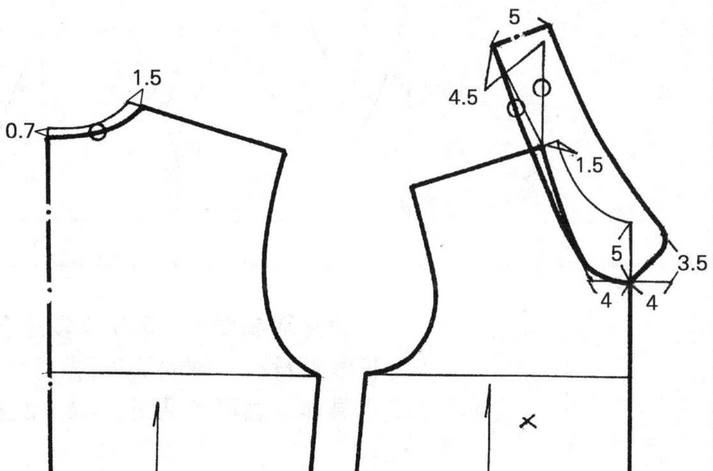

此款为变化立领，领围线离开脖根，显得宽松自如，拉链从领子开始往下装，适合于休闲类服装。

图 3－1－21

第二节　翻卷立领及其变化

翻卷立领可理解为由宽的立领往下翻折而形成的。它有紧贴脖根的形状，类似于立领的感觉，显得比较严谨、理性；也有远离脖根的形状，显得较为随意、浪漫。

图 3－2－1　几种翻卷立领

裁剪缝制要点：翻卷立领适合于斜丝裁剪，这样缝制出的领子在翻折线处没有生硬的褶皱，显得自然。

具体方法可参见图 3－2－2 至图 3－2－7。

该翻卷立领分为在后领中心重叠和后领中心平齐两种形式。面料宜采用有弹性的织物。

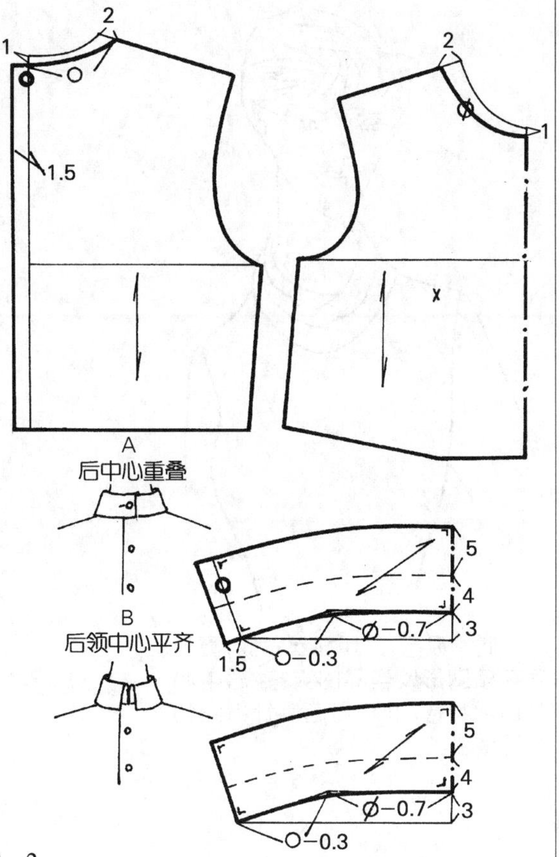

图 3－2－2

此款为加在大领圈上的窄翻卷立领，采用斜丝裁剪，比较富有个性，适用于春夏季女装。

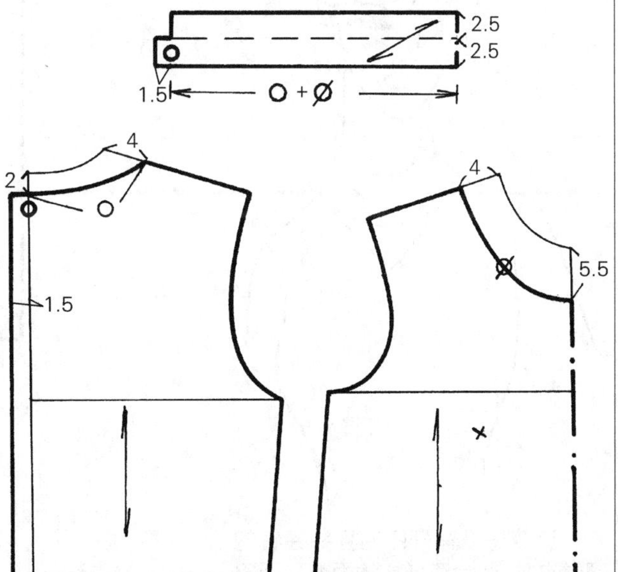

图 3－2－3

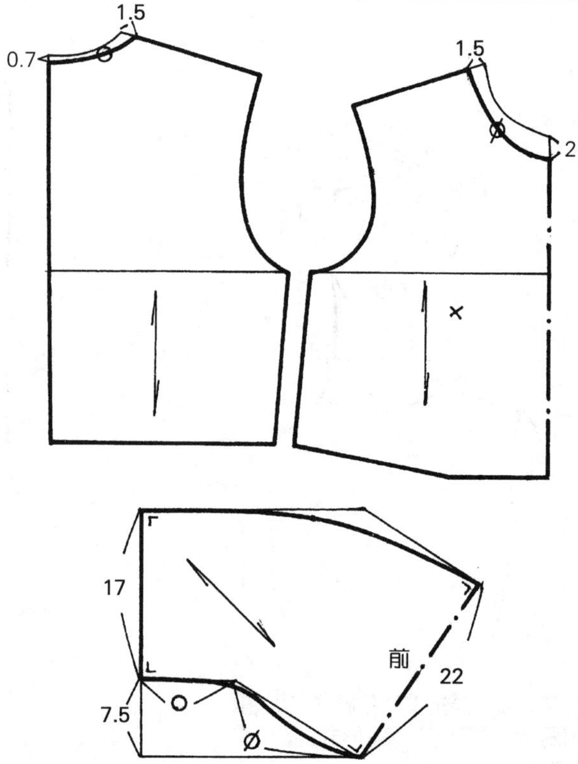

此领很宽，采用斜丝裁剪，翻卷后在前胸形成自然的皱褶，后中心开口用拉链。面料可选用针织织物或乔其纱。

图 3－2－4

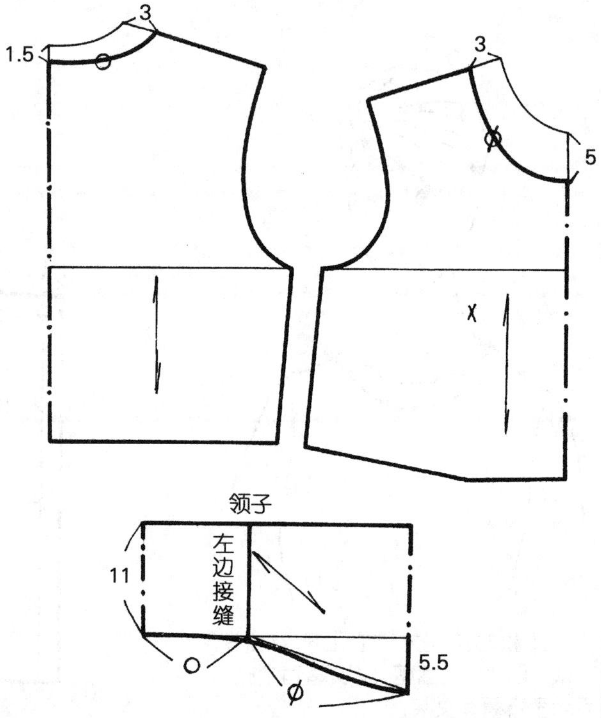

该款是没有开口的套头穿着的翻卷立领，适合有弹性的面料采用斜丝裁剪。

图 3－2－5

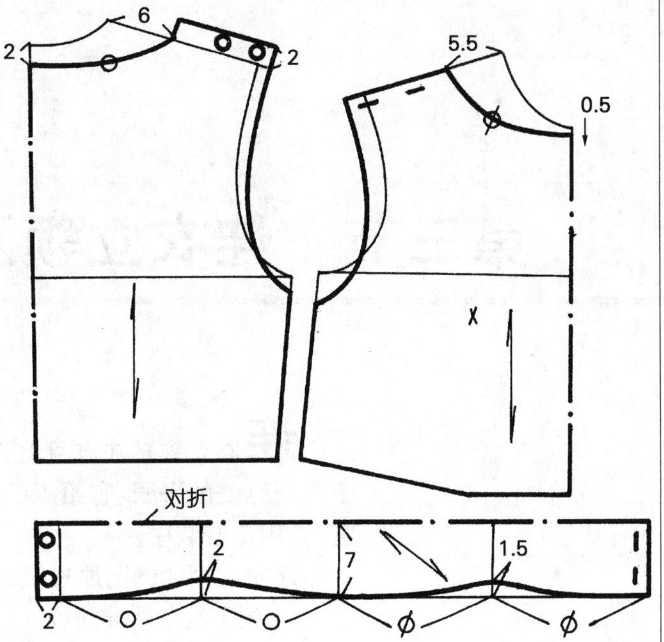

该款是在一字领的基础上，加上翻卷立领，领子使用斜丝对折裁剪，领外口线圆顺。宜选用有弹性的面料。

图 3－2－6

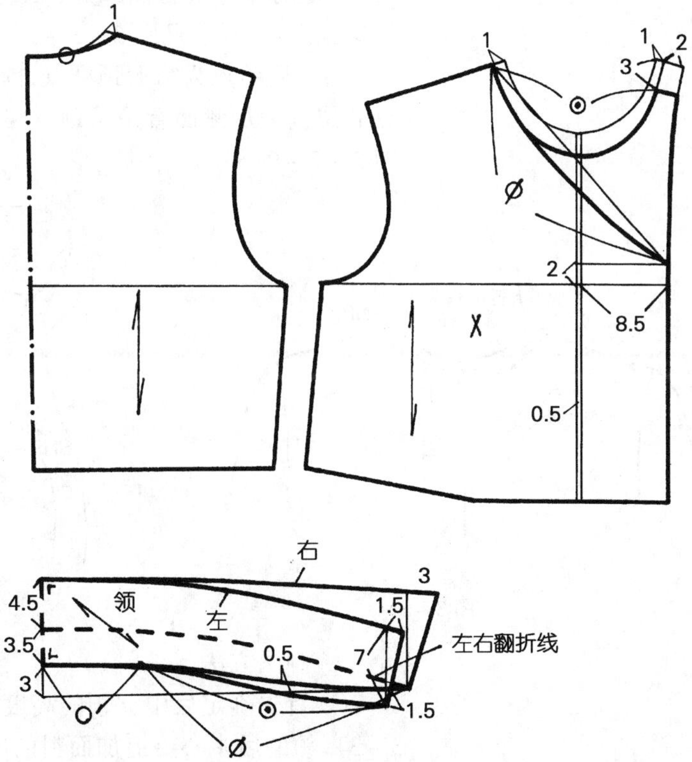

此款为不对称翻卷立领，采用斜丝裁剪，适合于秋冬季穿着。

图 3－2－7

第三节　连衣立领及其变化

连衣立领是在衣身上直接引出领子，其原理是通过收省达到领子在颈脖处的平服。它给人的感觉是理性、稳重，故受到成熟女性的青睐，常用于套装中。

连衣立领的制图原理及方法：

1. 领围线的决定方法

由于原型的领围线是根据胸围的尺寸推算出来的，故与实际人体的领围线多少有些不合，因此制图前先对基本原型的领围线进行修正。在这里先将原型的领围线复制下来，然后根据实际人体修正领围线，修正的点分别为侧颈点（SNP）、前颈点（FNP）、后颈点（BNP），然后将这三点连成线，见图 3－3－1。

注：后颈点为第七颈椎点，前颈点为两锁骨相连的中心位置，侧颈点的位置为从侧面看是前颈点与后颈点连线上二分之一稍后一点，如图 3－3－2。

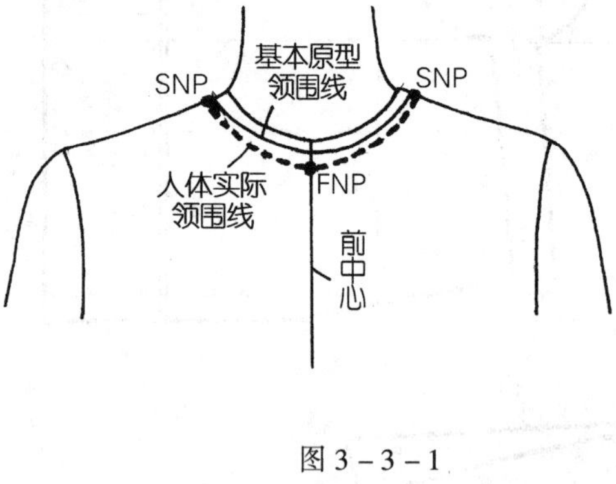

图 3－3－1

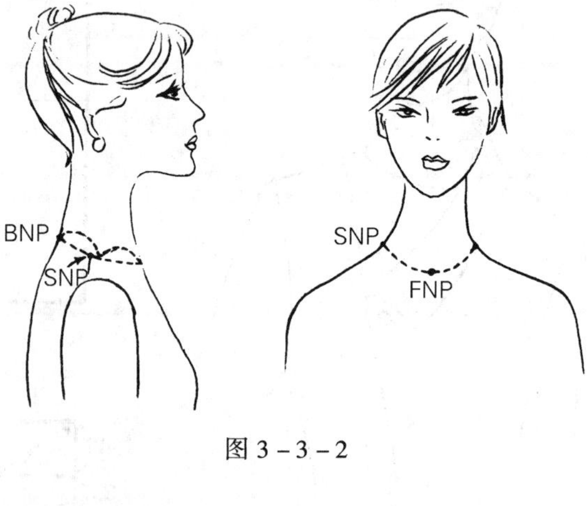

图 3－3－2

2. 制图方法

① 首先确定后中立领的高度●，该高度通常为 3～6 cm（见图 3－3－3），领的后中心要追加面料的厚度，一般为 0.1 cm，稍厚的为 0.2～0.3 cm。

② 为了保持领子颈部服帖，要移动原型的侧颈点（见图3－3－3），$\overset{\frown}{ab}$线应与颈部的倾斜相一致。其倾斜的方法有多种，多数情况下，后片的倾斜要比前片的稍大，即前片的▲量比后片◬量稍大。

③ 原型的肩省不管怎样都是指向后中心，见图 3－3－4。后肩宽与前肩宽相比，多了归拢量和省量。在对准肩胛骨的方向收一个肩省，折叠肩省后领弧线移动。领省的位置通常在领线的 1/2 处，脖子粗的人在 1/2 处往后中心稍偏一点，领线上的省再削一些，这样便于颈部的运动。

④ 连接前后领围线，再进行修正，见图 3－3－5。

⑤ 挂面的确定，见图 3－3－6。为了保持领型平服，挂面要留得宽些，后领贴边要处理成像和尚帽一样的形状，这是为了防止领变形。

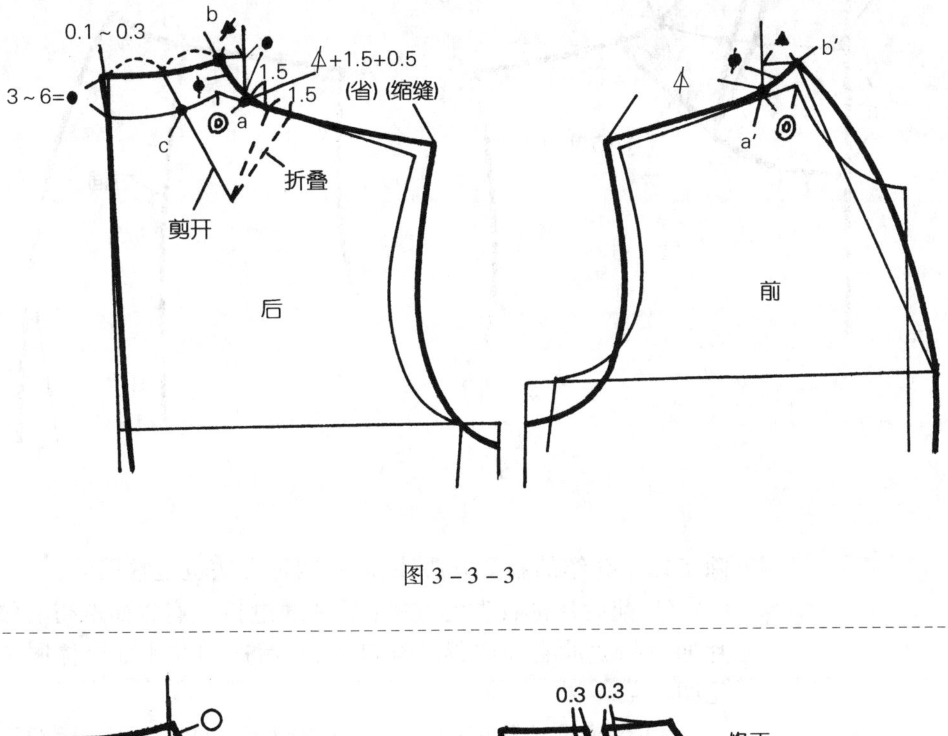

图 3－3－3

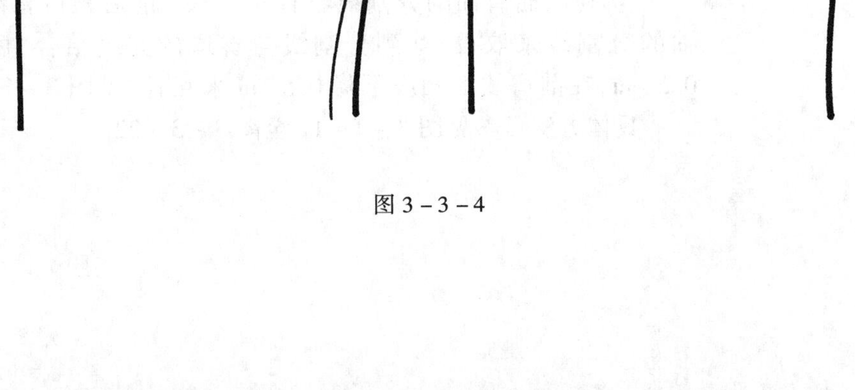

图 3－3－4

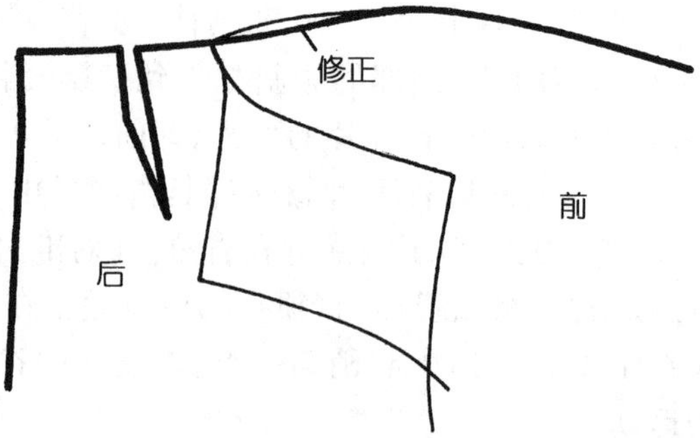

图 3－3－5

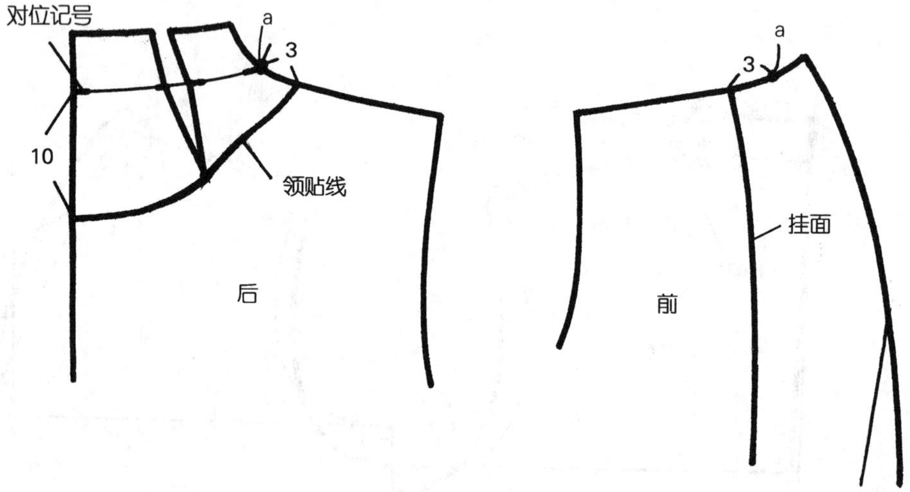

图 3－3－6

除了以上介绍的制图方法外,以下四种方法也是常用的。

① 前后片都收省的方法:后片通过折叠肩省而取得后领口省,前片通过折叠肋省而取得前领口省,最后达到在颈部合体服帖的要求,见图 3－3－7。

② 后领另外裁剪的方法:前片制图方法同①中,后领不连衣身,另外加上去,见图 3－3－8。

③ 折倒原型的方法:按住 A 点折倒原型 1.5 cm 来取得前领口省,达到合体的目的,见图 3－3－9。

④ 利用插肩袖的分割线收省的方法:前后领口省都通过插肩袖的分割线来取得,达到分割线与省道的完美结合。后肩线提高 0.5 cm,在前肩线上相应下降 0.5 cm 来互补,见图 3－3－10。

具体方法可参见图 3－3－11 至图 3－3－22。

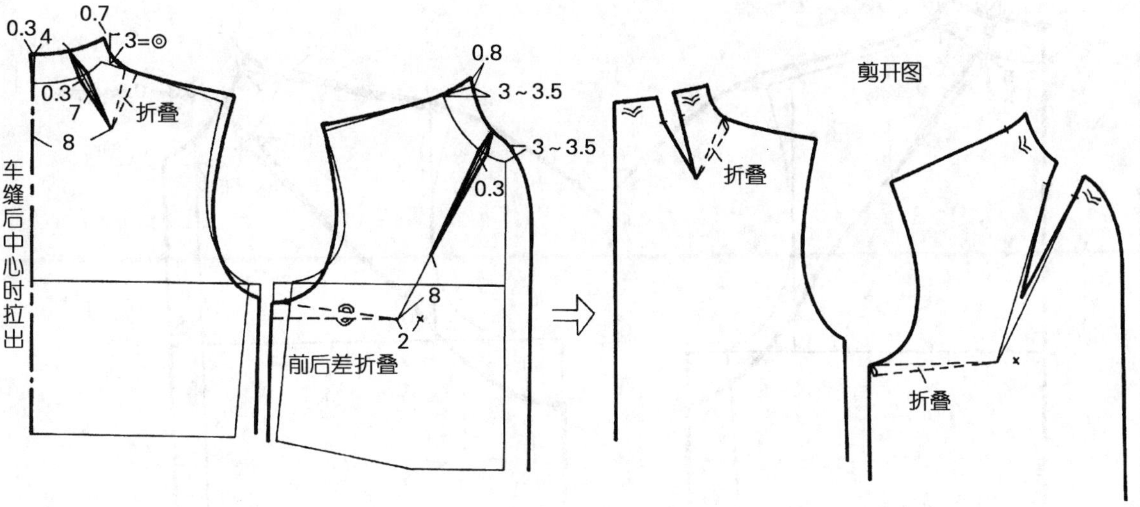

图 3－3－7

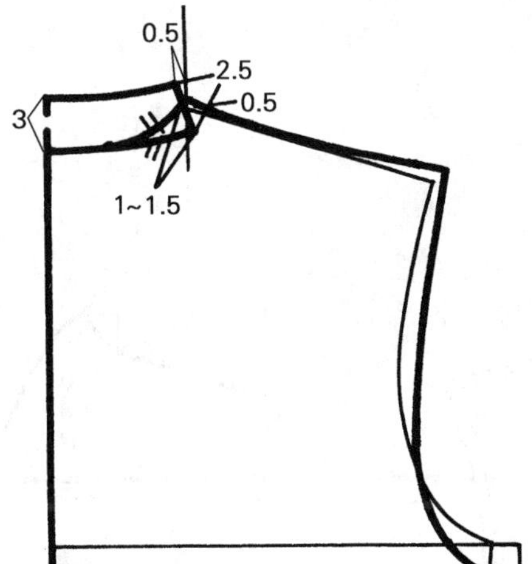

图 3－3－8

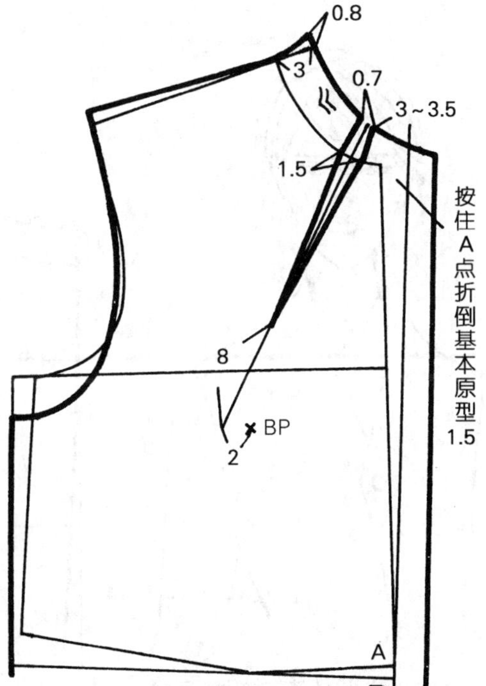

图 3－3－9

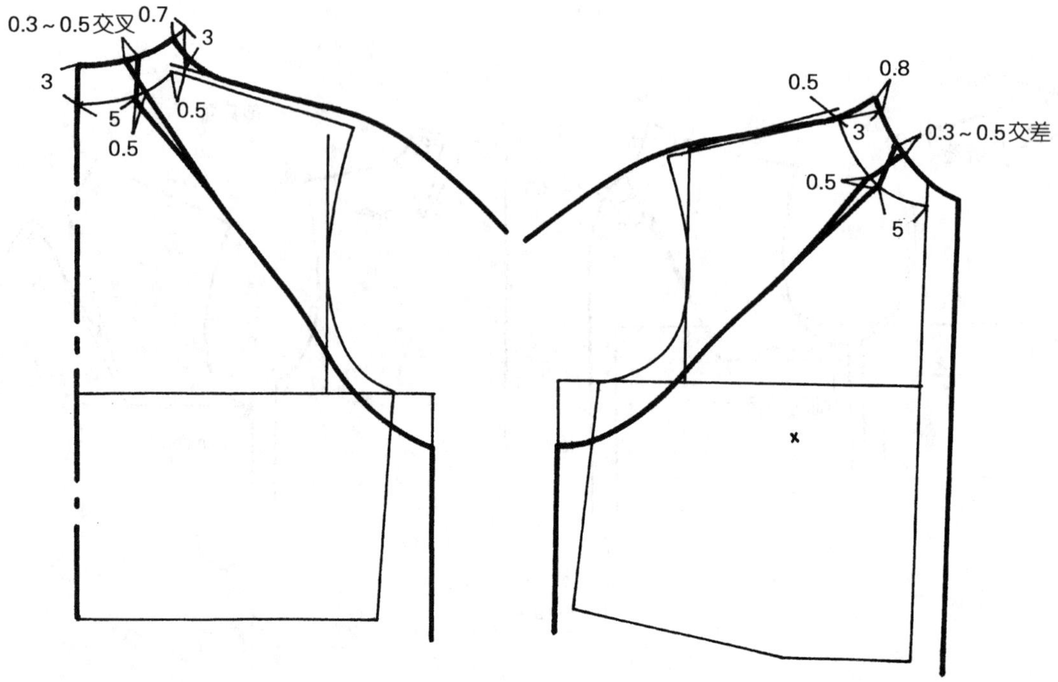

图 3－3－10

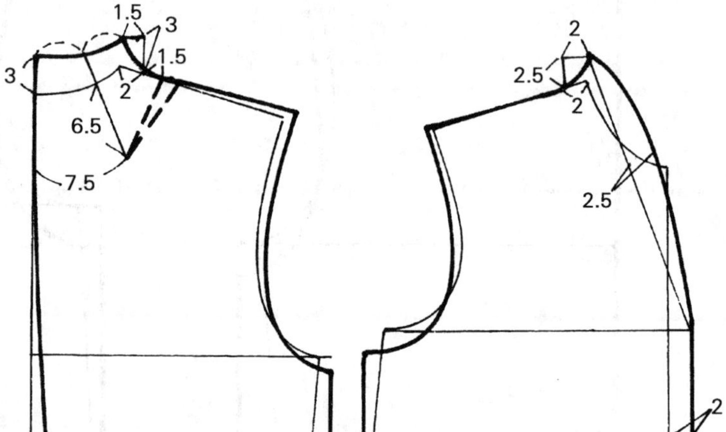

此款为最常见的连衣立领，后领省通过肩省转移而得到。它常用于春秋装中。

图 3－3－11

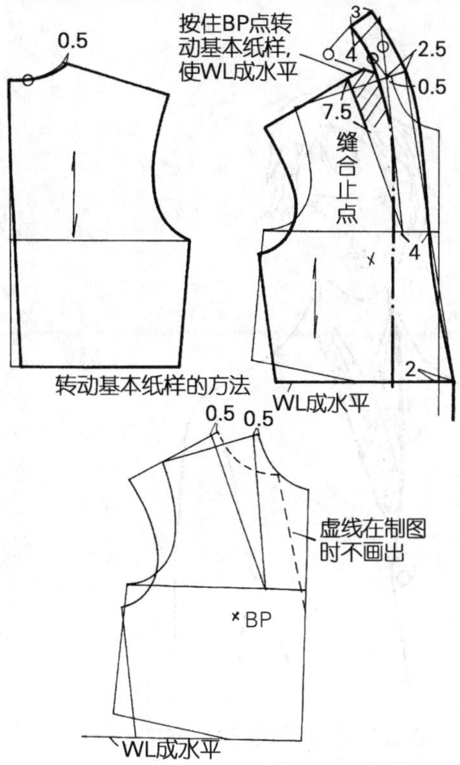

此款是从肩部加一条深褶裥的连衣立领，褶裥是通过转动基本纸样的方法而得到。其特点是前片领子连到后片，使后领挺起。

图 3－3－12

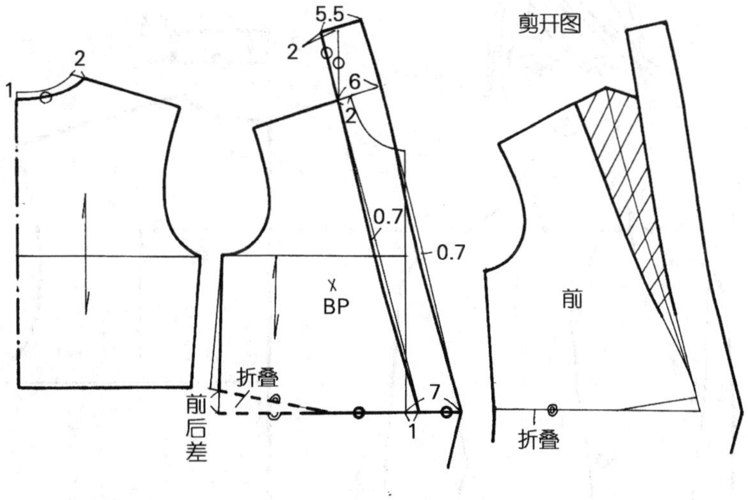

这是前领宽延伸至后片的连衣立领，前片肩部的褶裥是通过折叠前后侧缝的差量而得到的。

图 3－3－13

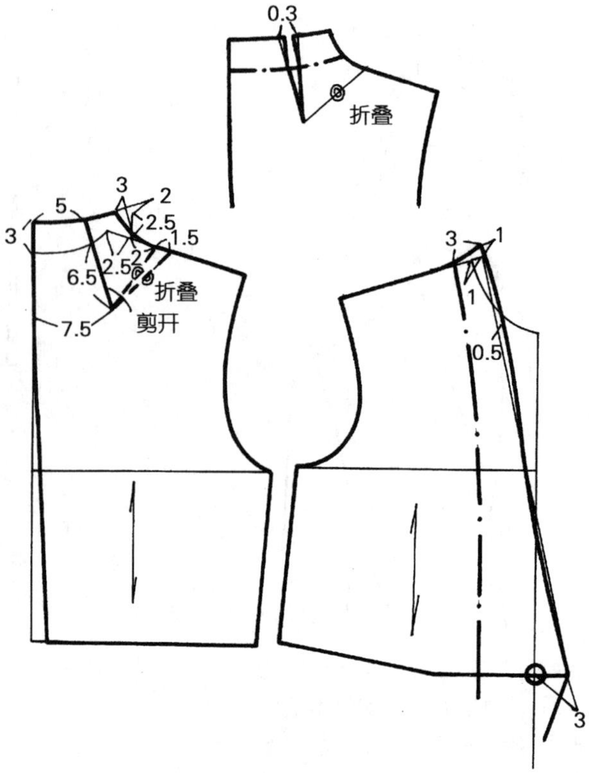

此连衣立领是从前后衣片中的肩颈点分别延伸而得到的，后领省是通过折叠肩省而得到。

图 3－3－14

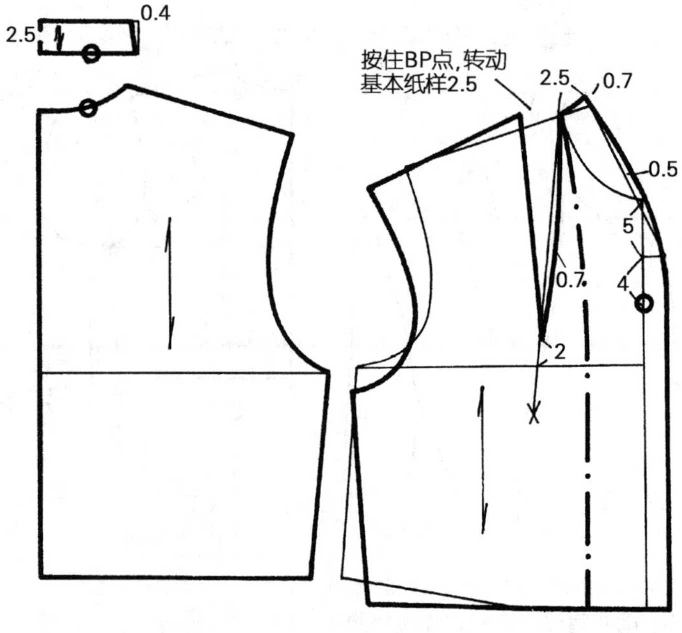

此款为后立领另外裁剪、前领连衣身的领型。前肩省是通过转动基本纸样的胸省而得到。

图 3－3－15

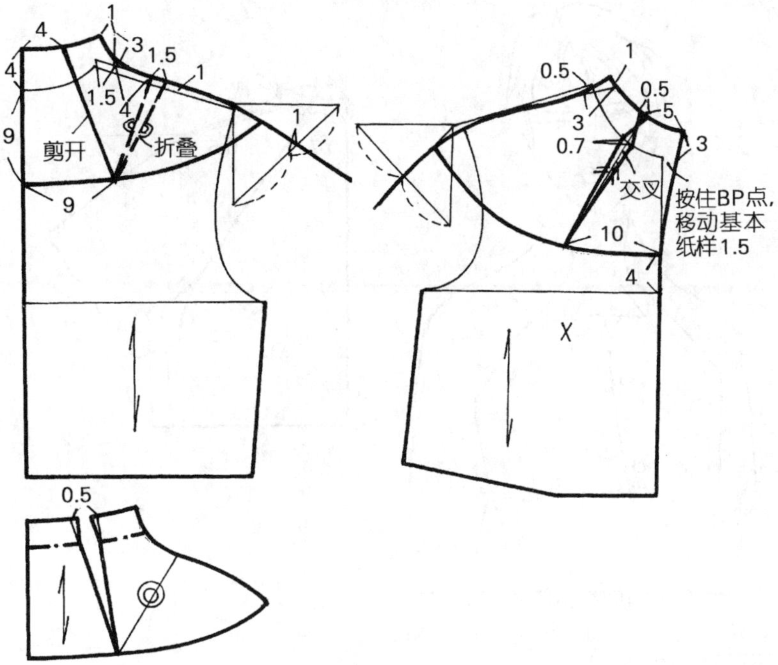

该领为圆弧形分割线上的连衣立领，前领口成斜向设计线，给人以优美的感觉。

图 3－3－16

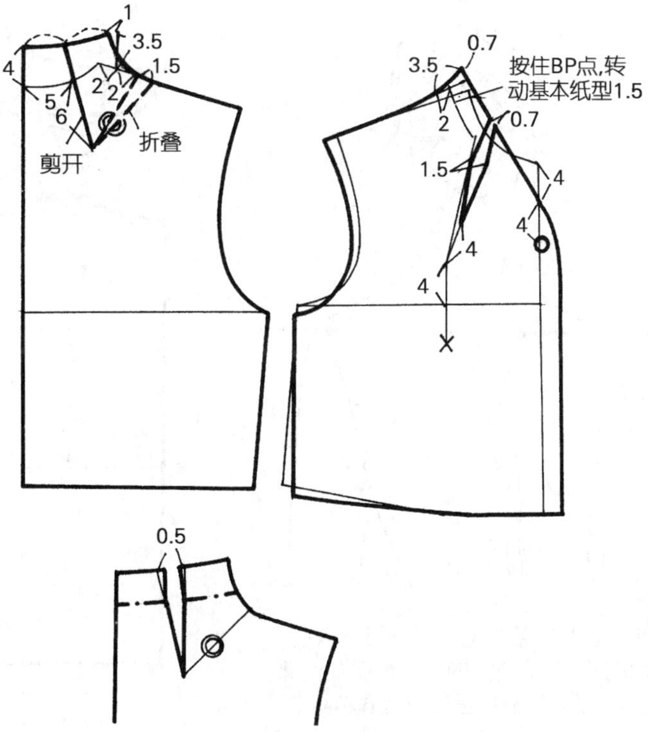

此领前片通过转动基本纸样而取得领省，后片通过折叠肩省而取得领省，这样制成的领子贴近颈部。其面料可选用毛织物和针织织物。

图 3－3－17

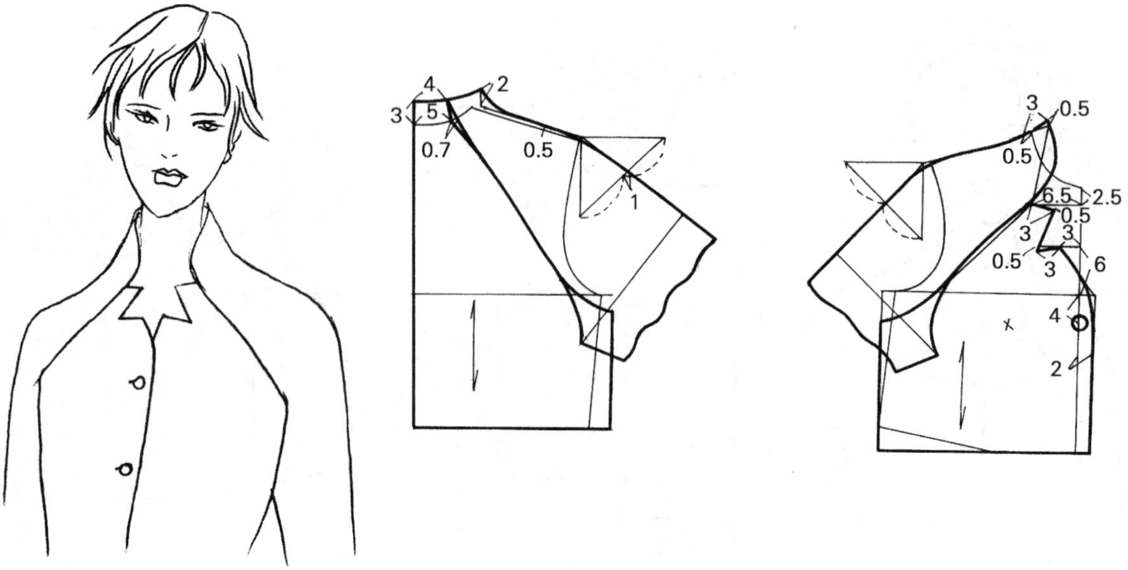

此款为插肩袖的连衣立领，后领省隐藏在结构线中，前片为尖角状的钻石型，其极富个性。

图 3－3－18

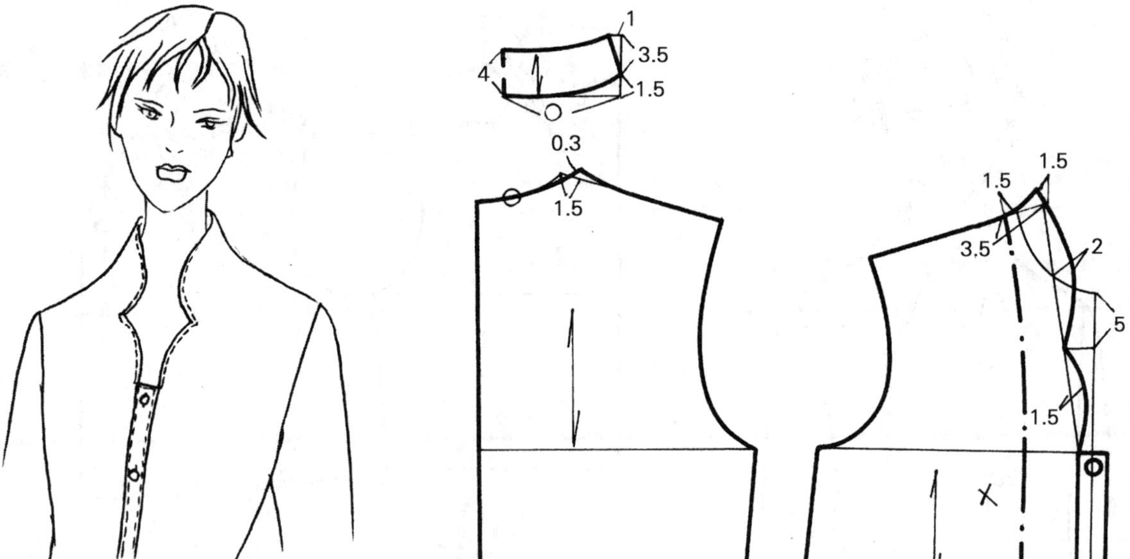

这是后领单独裁剪，前领连衣身裁的式样，前领口的弧线状使女性味十足，适合于较挺括的薄型面料。

图 3－3－19

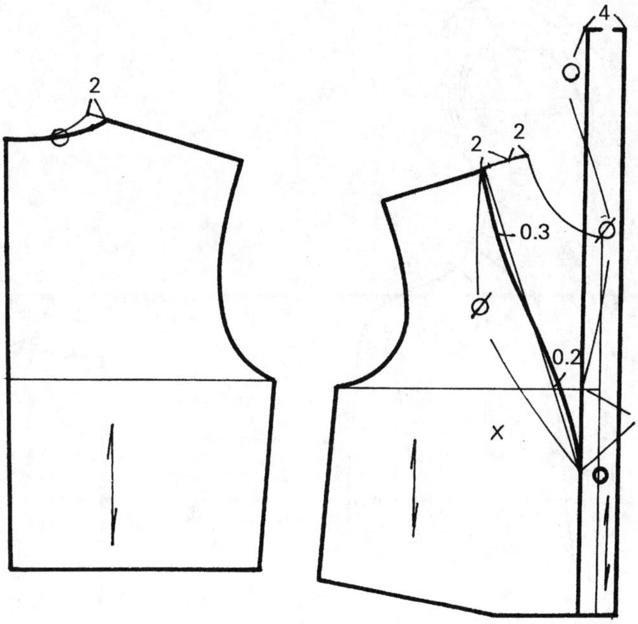

该款为领子与前门襟连裁的式样，适合于有弹性的面料。

图 3－3－20

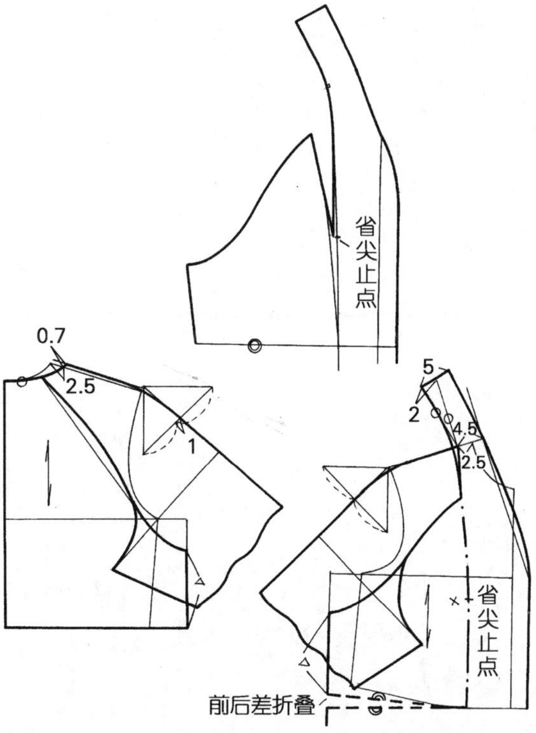

该款是从前衣片中连裁出后领的大衣领型，由于大衣内穿多层衣服，故横开领要离大一些。

图 3－3－21

该款为前领收省的连衣立领，省道通过折叠胸省而获得。

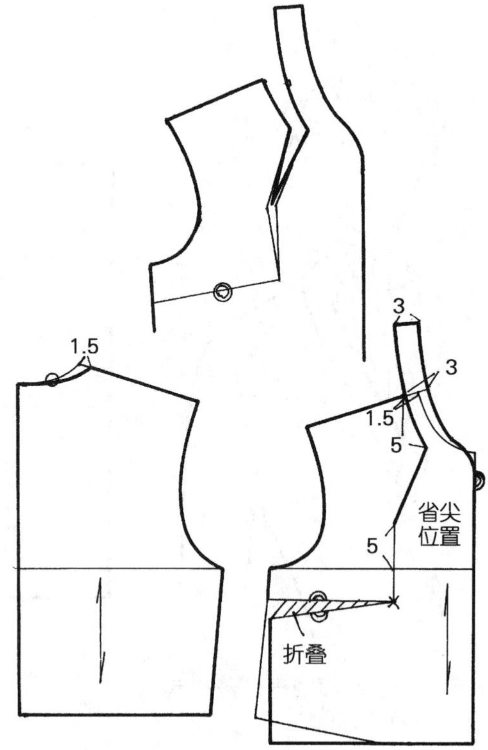

图 3－3－22

第四章

关闭式翻领及其变化

关闭式翻领是指穿着时适宜关闭的一类翻领，它是由相连的翻领与领座组成。关闭式领型造型较多，常见的有小翻领、有底领的翻领、平袒领、披肩领等。

由于此类领型造型各异，给人的感觉也是不一样的。有的领型具有庄重、严肃之感；有的具有潇洒、随意之感，也有的给人以活泼、甜美之感。此类领型适应的范围极广。

图 4－0－1

第一节　小翻领及其变化

小翻领一般用于衬衣领。本节介绍的小翻领是后领有领座，前领座沿翻折线自然变低或消失的翻领。这种领子是根据领子的宽窄、领座的高低等的不同而有所变化，应用范围非常广泛。

小翻领制图原理：

该领子的制图是所有翻领制图的基础，因此对于充分理解其构成原理是非常重要的。翻领的制图是采用直角式制图法，见图 4－1－1。图中后中线直上尺寸 X 的量是制图的难点，X 量的大小，会直接反映出不同的领外形。为使读者更容易掌握 X 的确定，现将其制图原理简要加以阐述：

1. 直上尺寸 X 的来源

① 假设先用一块直条布作领子，把它与衣片的领围线缝合。翻折领子后会发现因领外口尺寸不足，以致使领面紧绷，从而使后领脚线外露，见图 4－1－2。

② 解决方法：见图 4－1－3，以颈侧点 SNP 为中心，在左右两边分别以 1/2 后领弧长的尺寸为剪开点，剪开领片后原先紧绷的领片外口会自然张开，其外口线变长。将领外口张开的尺寸记下，重新画在纸样上，即可发现领子的领外口线由原来的直线变成了往下弯的弧线，从而产生了后中线直上尺寸 X，见图 4－1－4。剪开的量越多，领外口线就越长。

2. 领座的高低对领外口线和直上尺寸 X 的影响

领座的高低是影响直上尺寸 X 和领外口曲线的关键因素，也是影响领子不同外形的原因之一。下面分别以后领面宽度为 6 cm，前领宽度为 6.5 cm，前领角形状相同的两款领子为例来加以分析。

① 领座为 1.5 cm 时，直上尺寸 X 和领外口曲线见图 4－1－5。

② 领座为 2.5 cm 时，直上尺寸 X 和领外口曲线见图 4－1－6。

从以上两款的分析中可知，在条件相同的情况下，领座低，后中线直上尺寸大，领外口线长，外形曲度大；领座高，后中线直上尺寸小，领外口线短，外形曲度小。从穿在身上的外形看（见图 4－1－7），领座高，领子显得挺直一些；领座低，领子感觉平坦些。但领子的后中线直上尺寸 X 的值若超过了 7.5 cm，则成为超低领座的领型，此时，一般采用前后衣片在肩线重叠的方法。其制图原理将在“平袒领”一节中加以阐述。

具体方法可参见图 4－1－8 至图 4－1－22。

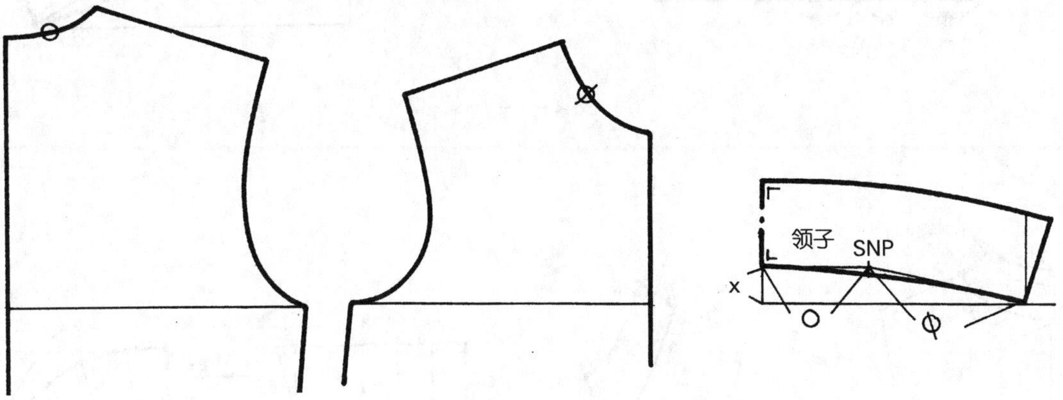

图 4－1－1

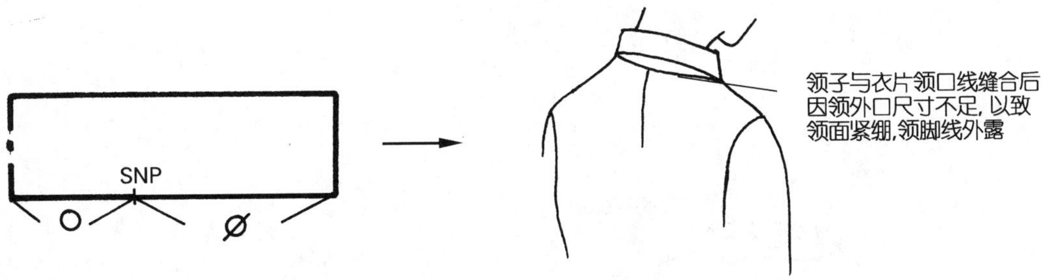

图 4－1－2

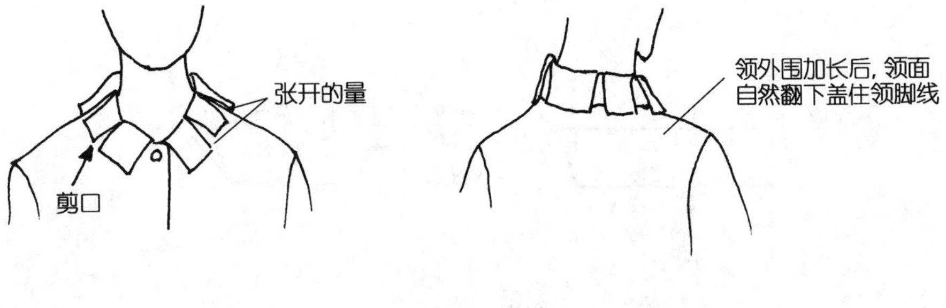

图 4－1－3

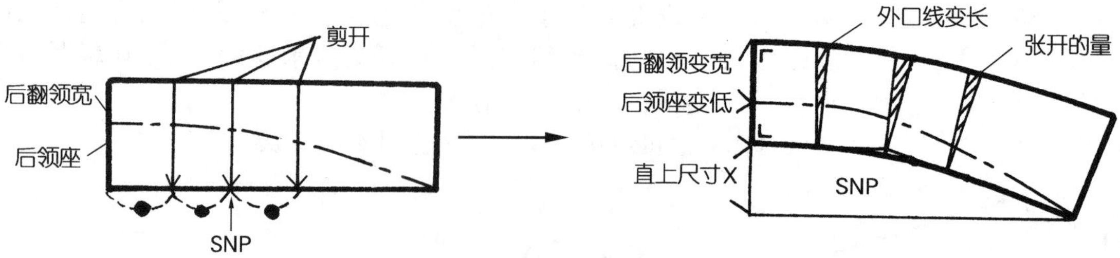

图 4－1－4

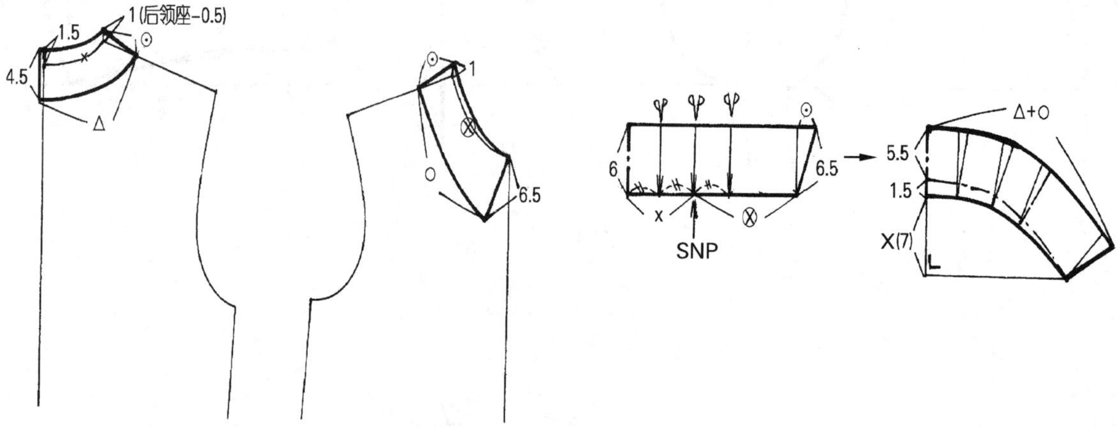

图 4－1－5

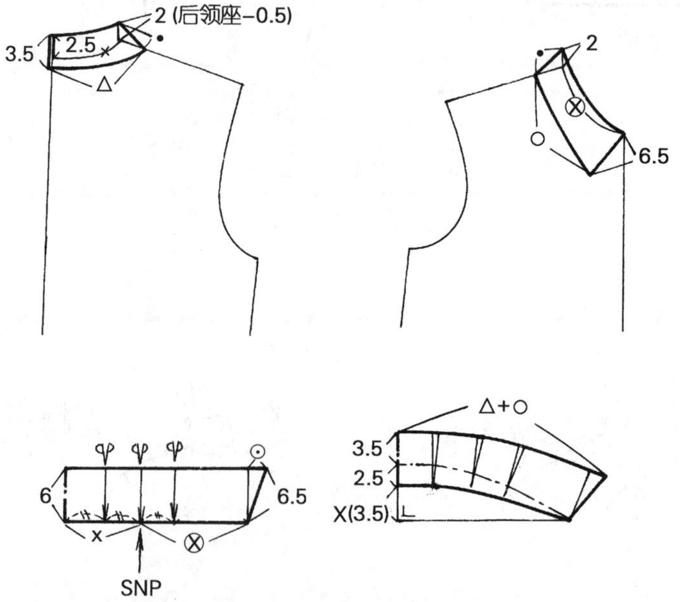

图 4－1－6

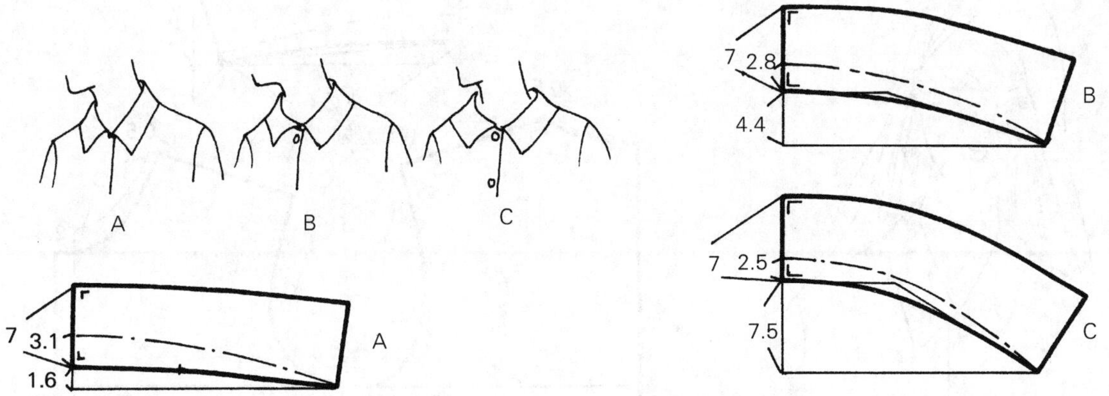

图 4－1－7

此款为较典型的衬衫领，从后到前领座由 3 cm 减少至 0.5 cm，故前领略有挺起的感觉。

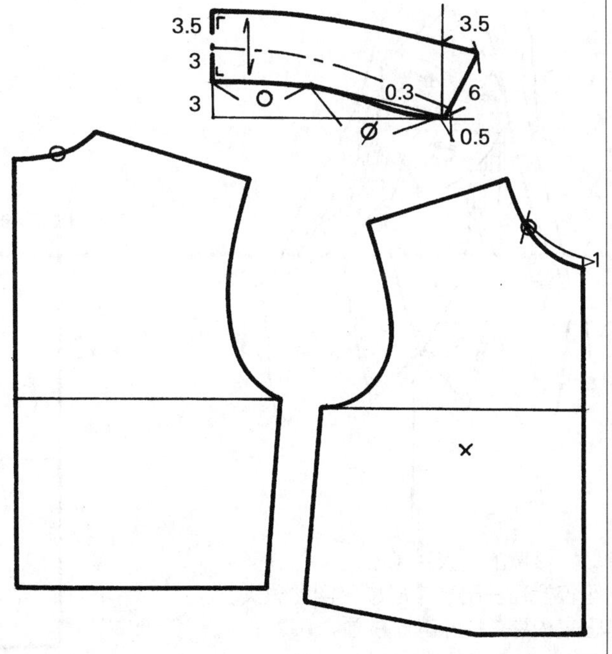

图 4－1－8

这是直线型的衬衫领。由于前领中心有 1 cm 的领座，因此缝制时需在领座里侧加烫一层粘合衬，使领子挺起。

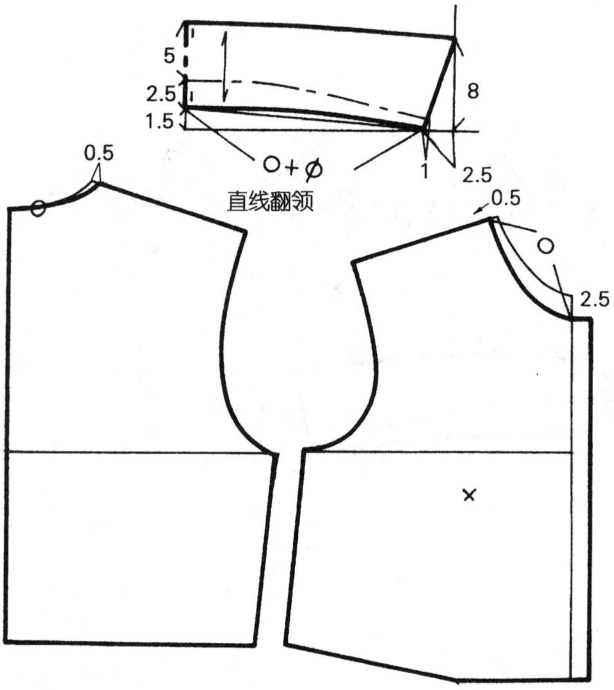

图 4－1－9

该款的前衣片领线为 V 形，后领座较低且在前领中心领座自然消失，它是极富女性味的衬衫领。

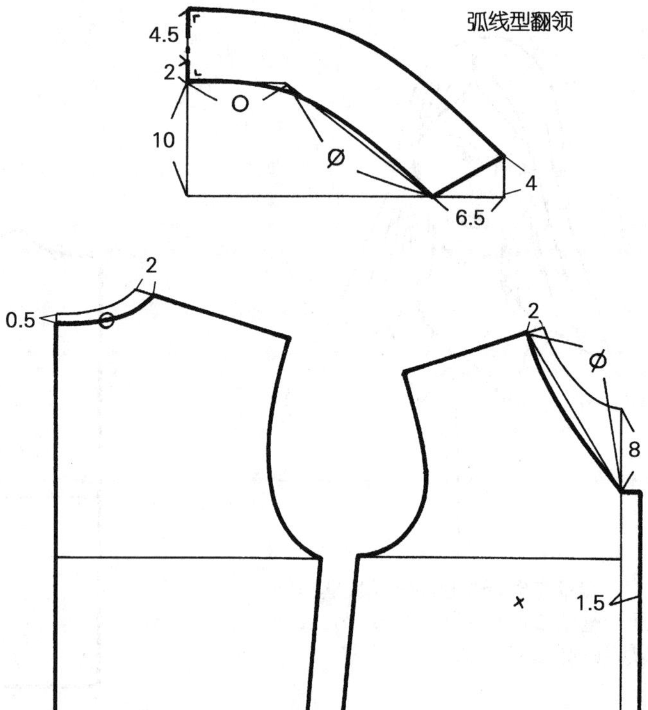

图 4－1－10

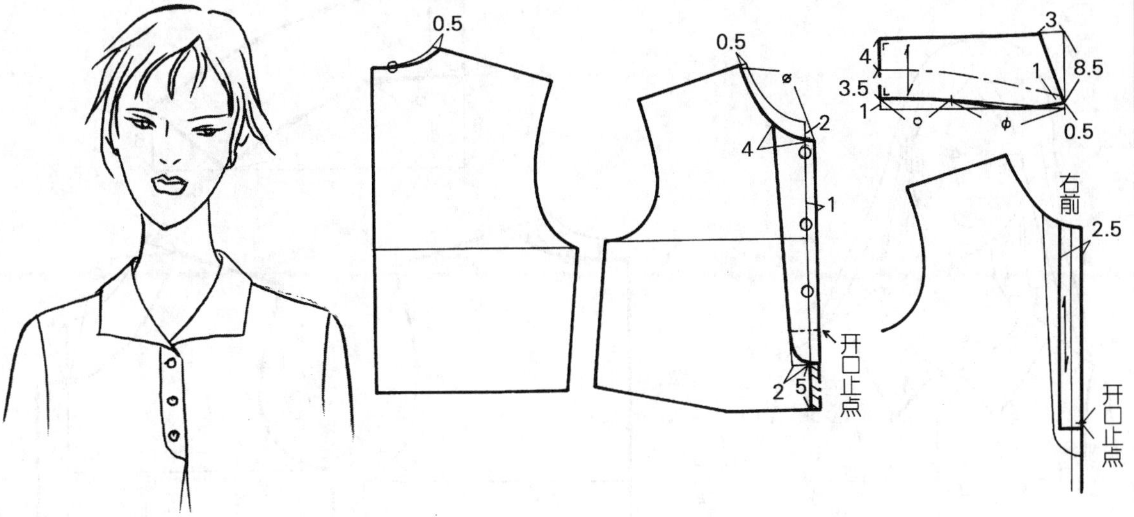

这是一款较为别致的衬衫领，可用于休闲服装中。

图 4－1－11

这款领的领座和翻领领宽比较接近，可以说是典型的衬衫领型。

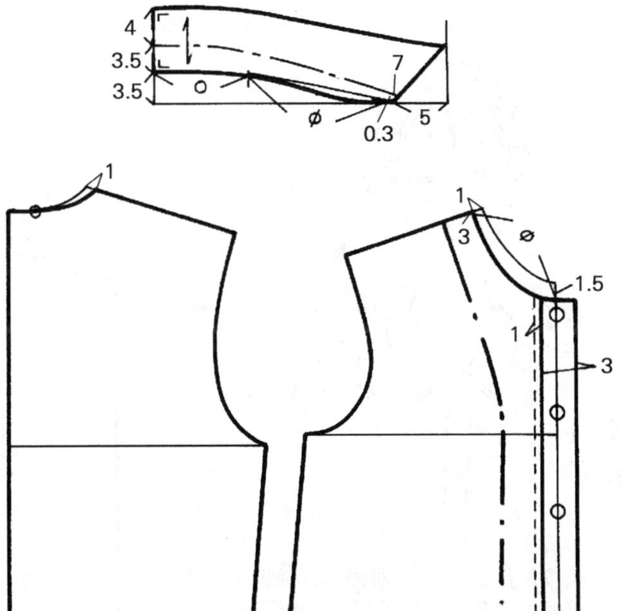

图 4－1－12

这是领座稍远离脖子的领型，故前后衣片的领口开得较大，适用于夏季时装。

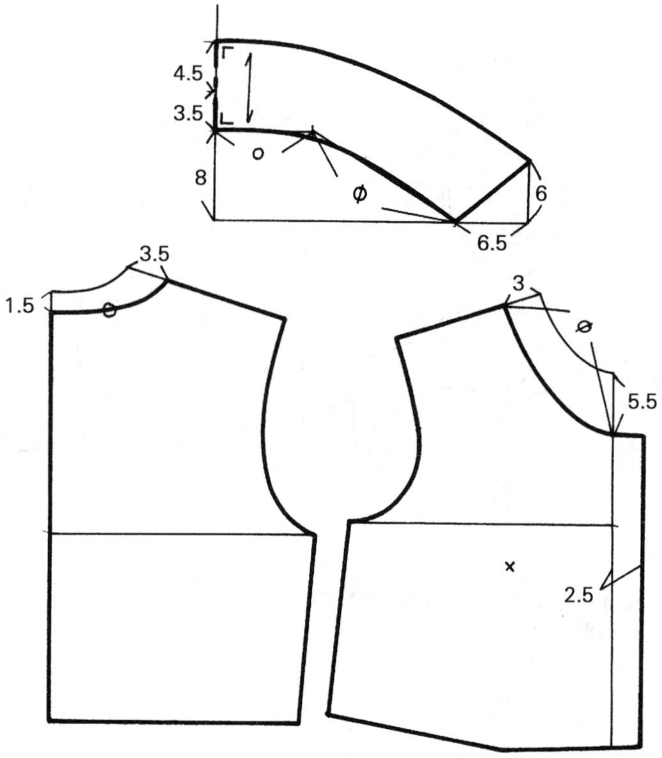

图 4－1－13

此款为直线型衬衫领，领座和翻领宽接近，是典型的两用翻领，其应用很广。

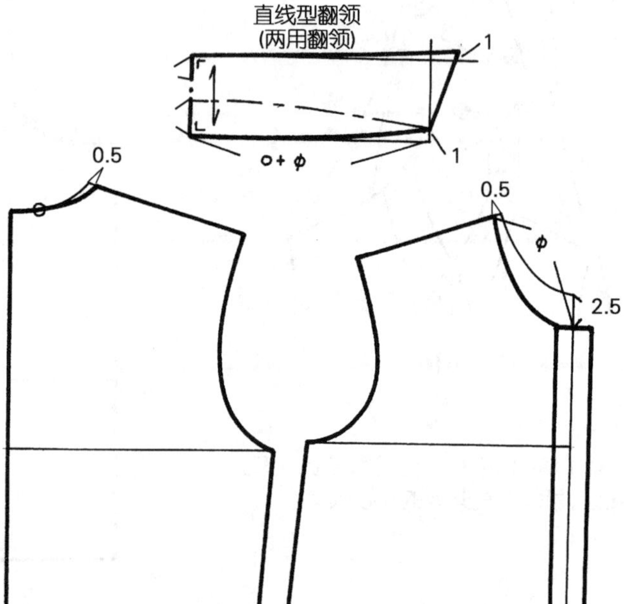

图 4－1－14

此款前领围线为V字型，在领线中再加上衬衫领，适用于夏季服装。

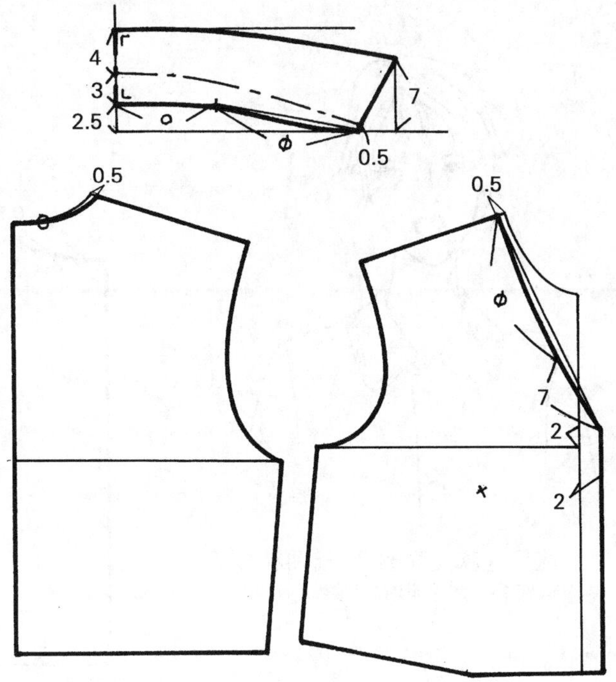

图 4－1－15

此款为登翻领，领外口线为直线，适宜于两用衫。

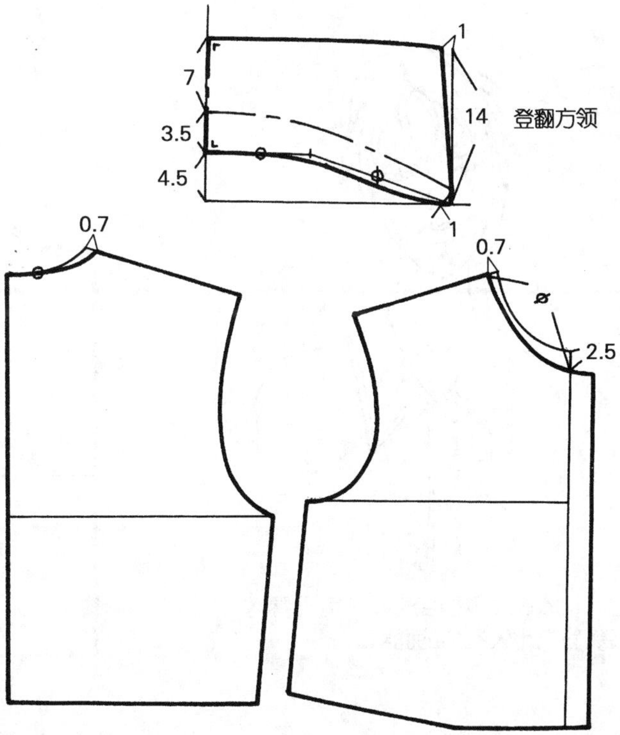

图 4－1－16

这是一款登翻圆领，前领座登高的量较多，有挺起的效果。适用于春秋装。

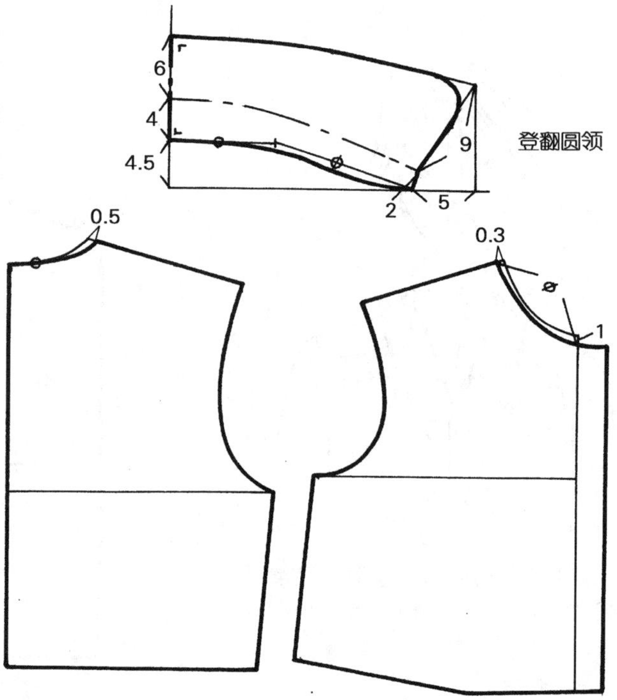

图 4－1－17

此款为登翻尖领，可用于春秋装，宜选用较挺括的面料。

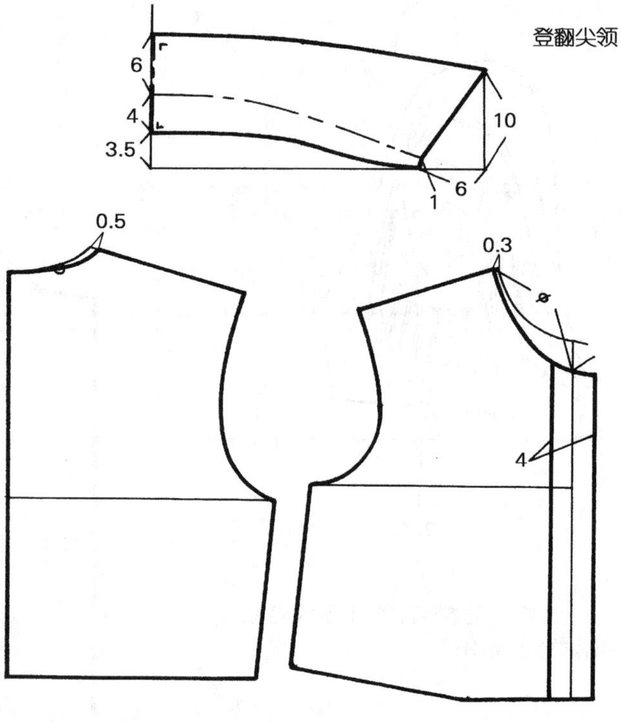

图 4－1－18

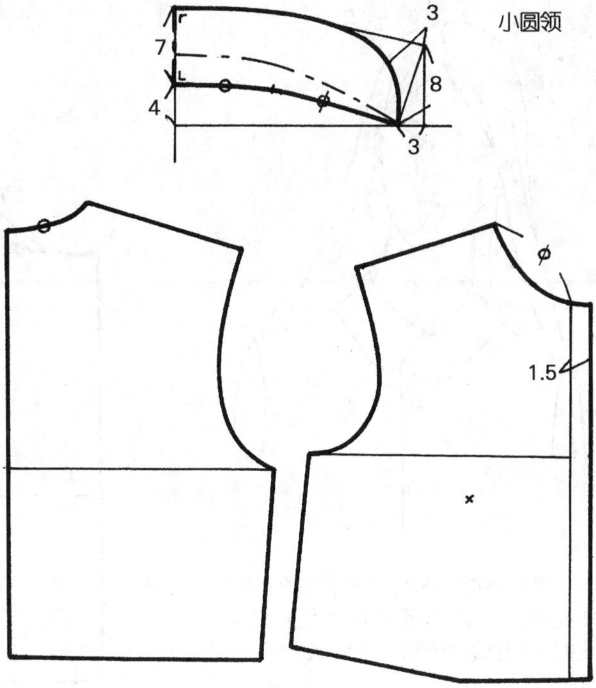

这是一款小圆领，外形比较甜美、可爱，适合于儿童及少女在夏季穿着。

图 4－1－19

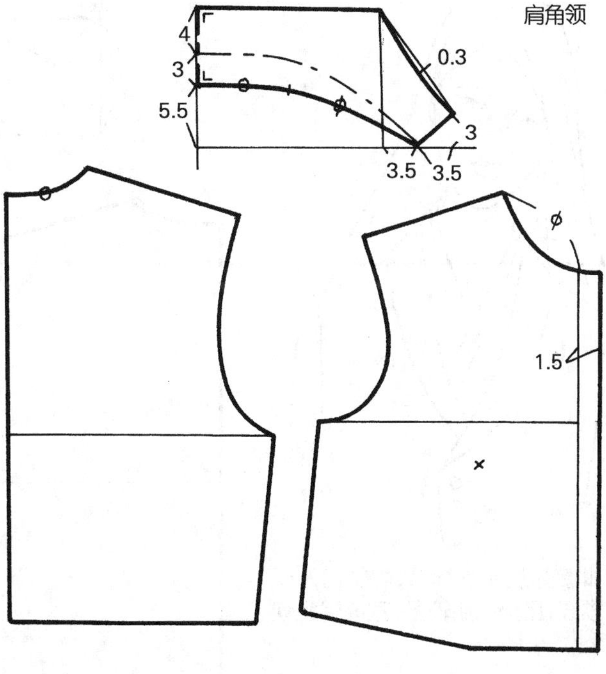

这是一款肩角领，其领外口线为直线，形成后翻领在肩背部呈直线，而前翻领呈斜角状，具有纯朴的感觉。

图 4－1－20

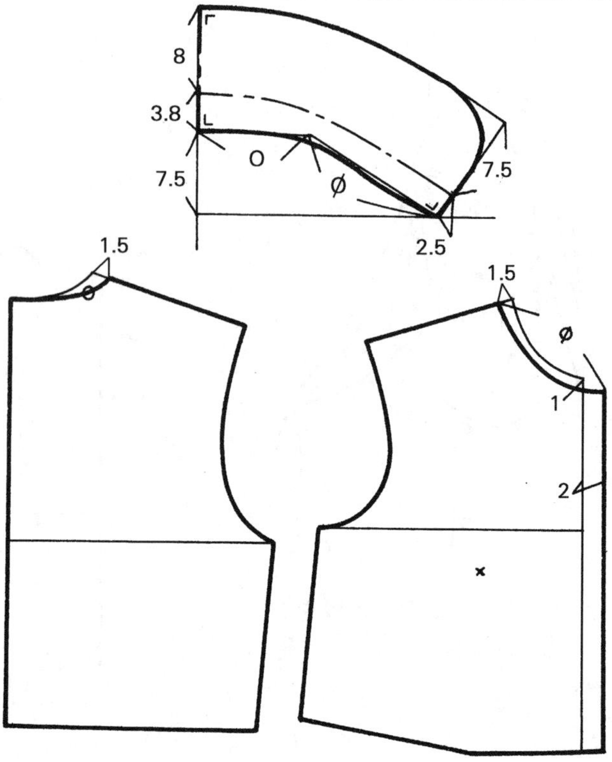

此款圆领的装领点不在前中心线而在叠门线上，左右领闭合后形成重叠的效果，适用于秋冬季服装。

图 4－1－21

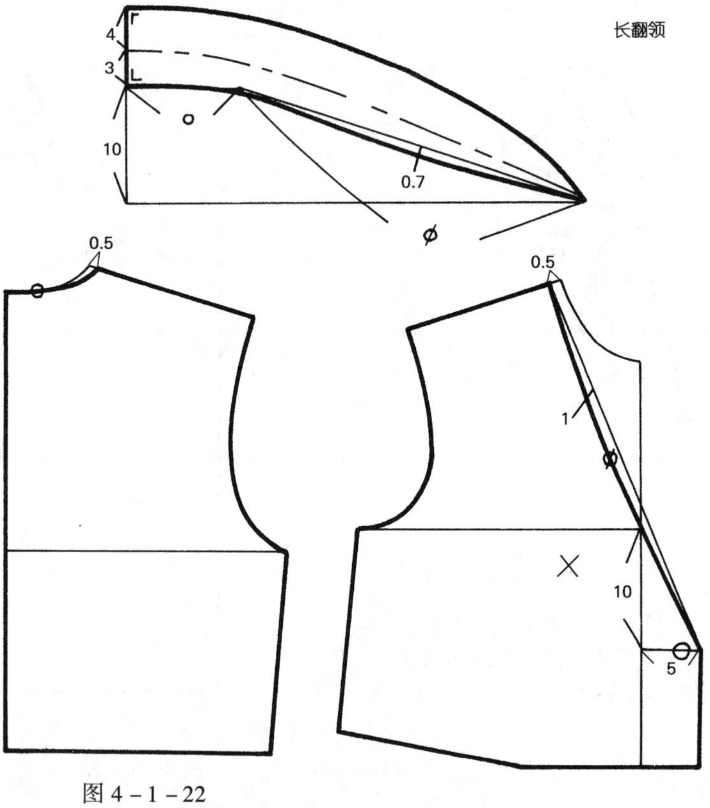

此款为长条状翻领，前领口为低 V 字领线，且叠门量较多，宜选用柔软的面料。

图 4－1－22

第二节　有底领的翻领及其变化

该领是由立领作底领、翻领作领面组合而成的领子，如图4－2－1。像“男式衬衫领”、中山装领都属于此类领型。

该类领型的结构和人体的脖颈结构相符合，其特点是底领的领底线上翘，领面翻贴在底领上，这就要求领面和底领的结构恰好相反，即底领上翘而领面下弯，领面的领外口线大于底领的领底线而翻贴在底领上，如图4－2－1所示。根据这种造型要求，底领上翘的量和领面下弯的量就应该成正比，即底领领线的上翘弯曲度等于领面底线的下弯曲度（如图4－2－2）。这时底领和领面的空隙度恰当，一般标准型的领子都属于这种结构。如果要改变底领和领面的空隙度，可以修正底领的领线和领面的领下线的弯曲度比例。根据立领原理，领面下弯度小于底领上翘度，领面比较贴紧底领；反之，领面翻折后空隙较大，翻折线不固定，领型便有自然随意之感，如风衣领（见图4－2－3）。

具体裁剪方法见图4－2－4至图4－2－9。

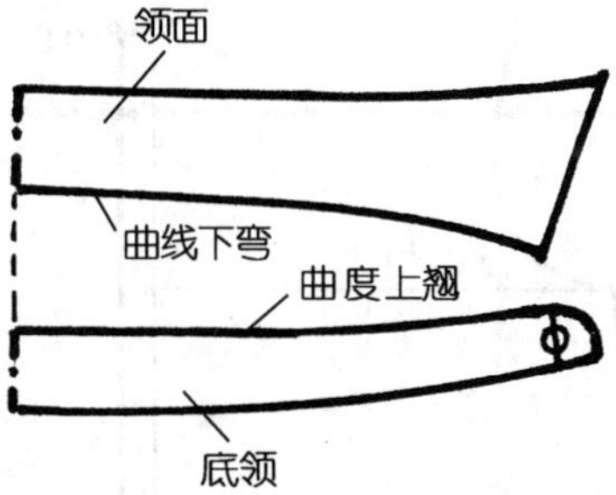

图4－2－1

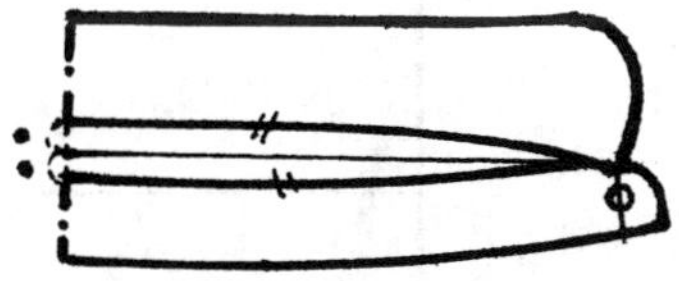

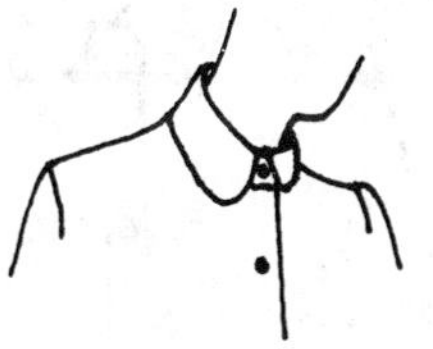

图4－2－2

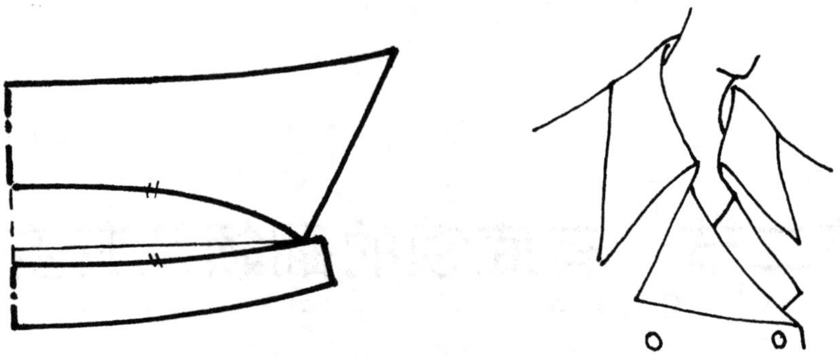

图 4－2－3

此款为有底领的衬衫领的基础型，领子较为完整，具有运动感，在男女衬衫上经常被使用。

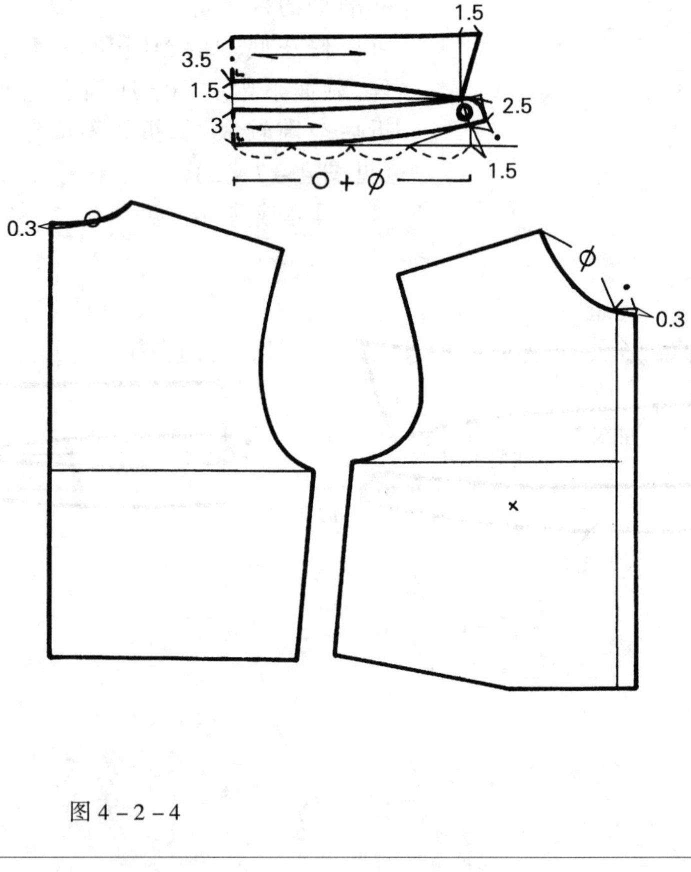

图 4－2－4

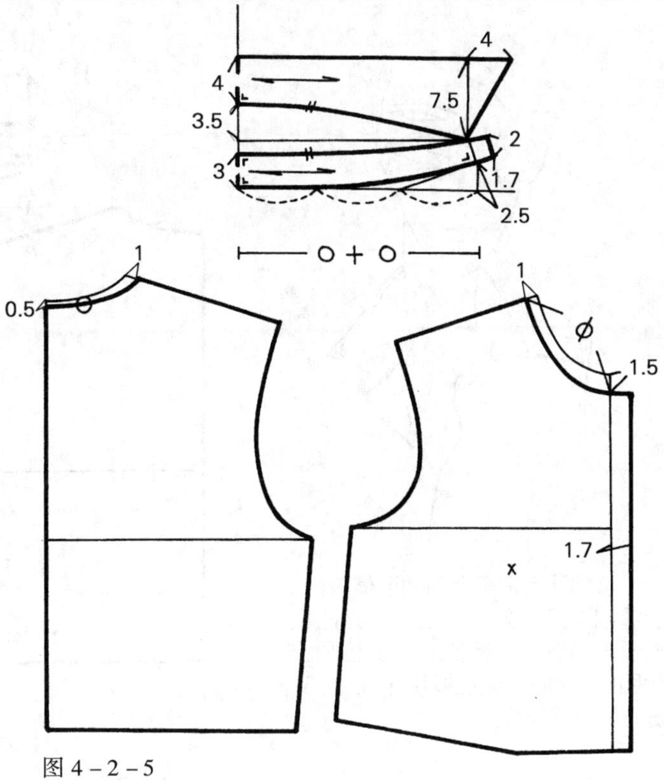

该领为便装型翻领，其特点是宽松自如，尺寸大小较为灵活。

图 4－2－5

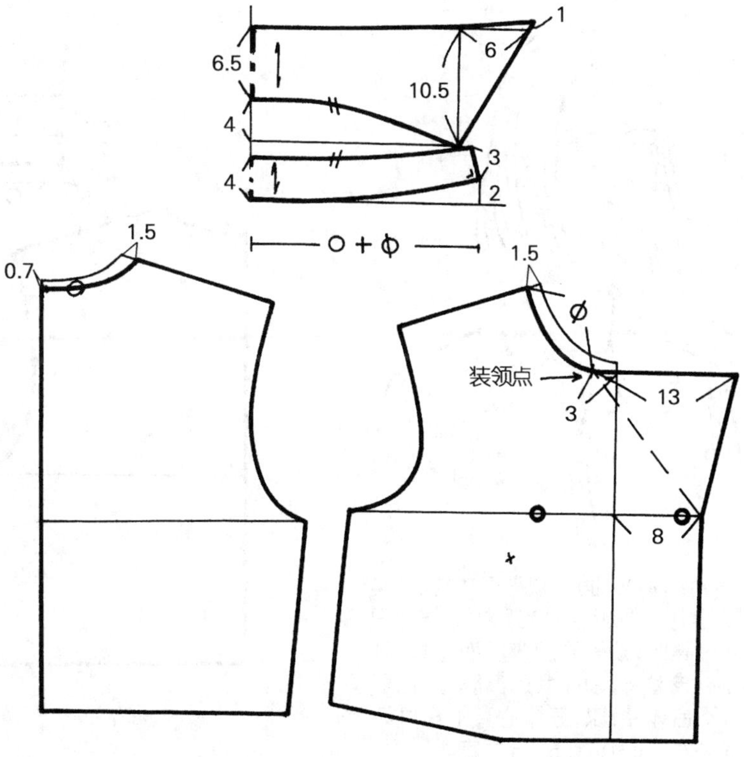

此款为拿破仑领，在风衣中较为常见，也称风衣领。其特点是领面的领下线下弯的曲度大于领底线上翘的曲度，故领面不贴紧领座，显得较舒展。制图时要注意装领点与前中点应有一定的距离。

图 4－2－6

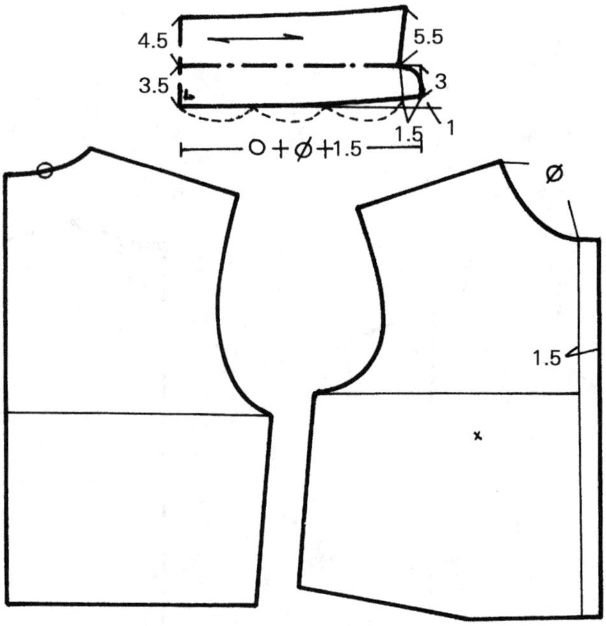

该领采用领座与领面连体裁剪，使缝制工艺得到了简化。该领型的领底线上翘量，不能超过 1 cm，否则翻折困难。这种结构主要用于较服帖、挺立度强的领型。

图 4－2－7

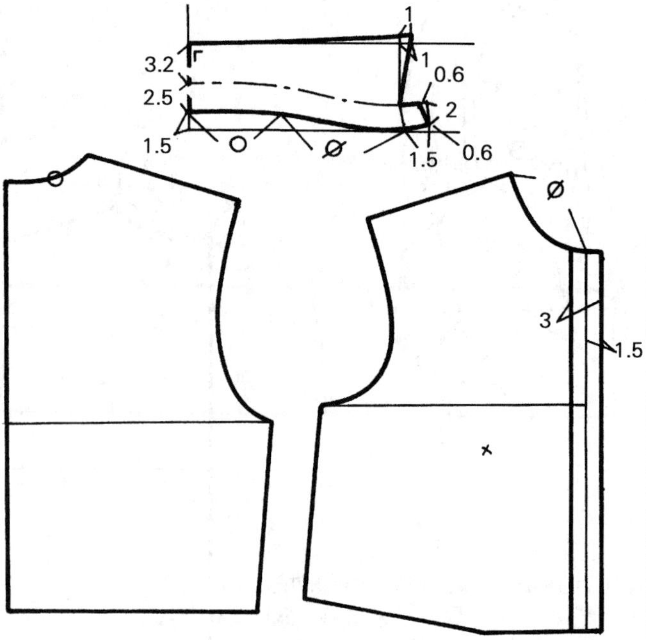

该领为领面与领座连体式。它类似于小翻领的结构，当后中心直上尺寸过高时，领子外口线反而缩短，领翻折线增长，领子会远离脖子，且显得不合体。所以，后中心直上尺寸不宜太大，一般以 1.5 cm 为宜。

图 4－2－8

此款为变化型立领作领座的翻领,其特点是翻领与立领的装领点离前中点有一定的距离,比较富有新意。

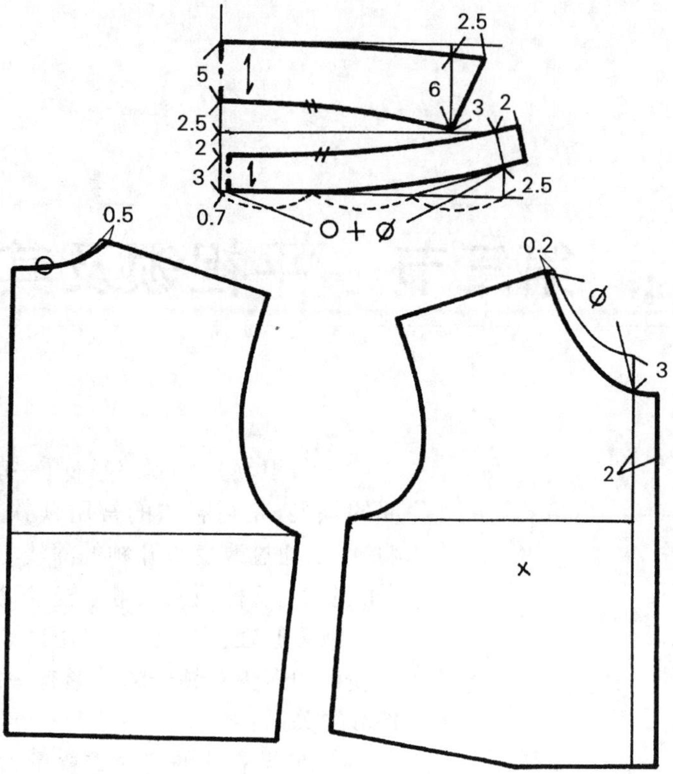

图 4－2－9

第三节　平袒领及其变化

平袒领是指领座较低(一般为 1.2 cm 以下)，领面平摊在肩背部的领型，是衬衫中的常用领款。其形式较为简单，不易受流行的影响。可以通过改变直开领的深浅、领宽的大小、领角的形状等来改变领子的造型。这种领型显得年轻、活泼、可爱，故常用于童装及少女装中。

制图原理：该领型的制图采用前后衣片在肩线上重叠的方法，其重叠量的多少对领子的外形有一定的影响。以下将阐述重叠量与领子外形的关系：

① 如果衣片的肩线重叠量为零，完成后的领子不仅没有领座，而且领外口线太长，这使得领片显得飘浮，且也容易使领底线露出，见图 4-3-1。因此除了披肩领、荷叶边领采用前后片肩线不需重叠外，一般的平袒领都用前后片肩线重叠的制图方法，重叠量的多少视领子形状而定。

② 当重叠量为 1 cm 时，将形成几乎没有领座的领子。

③ 当重叠量为 2.5 cm 时，后领座将挺高 0.6 cm 左右，见图 4-3-2。

④ 当重叠量为 3.8 cm 时，后领座将挺高 1 cm 左右，见图 4-3-3。

⑤ 当重叠量为 5 cm 时，后领座将挺高 1.3 cm 左右，见图 4-3-4。

由以上可以看出，重叠量越多，后领座挺得越高；反之，则越低。一般平袒领的重叠量最少为 1 cm，最多为 5 cm。当重叠量超过 6.3 cm 时，前后领围线产生不圆顺的现象，领子外形也变为小翻领的形状，这时这种制图方法就不适合了，应采用小翻领的直角制图法。

具体方法可参见图 4-3-5 至 4-3-24。

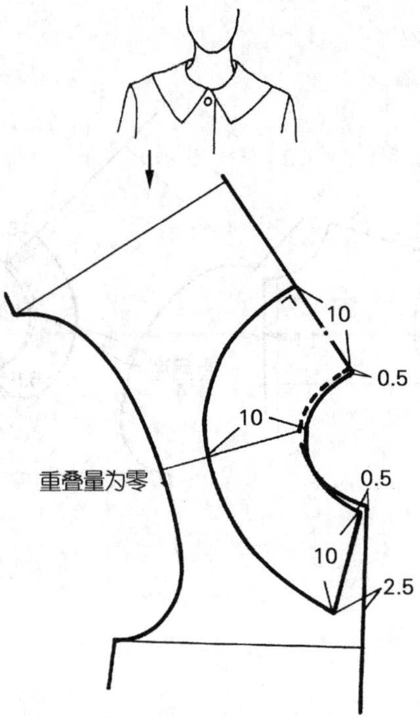

图 4－3－1

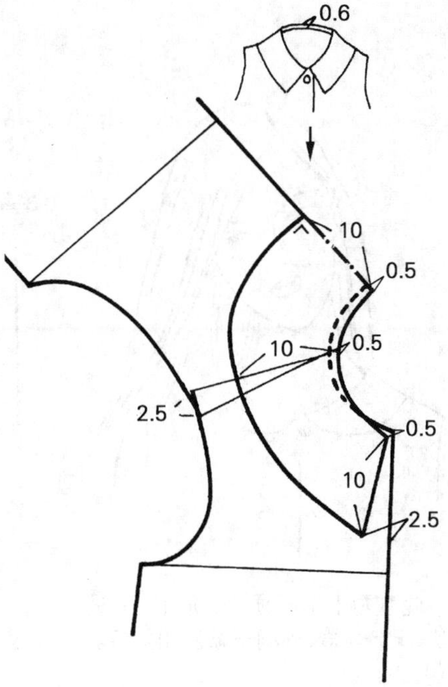

图 4－3－2

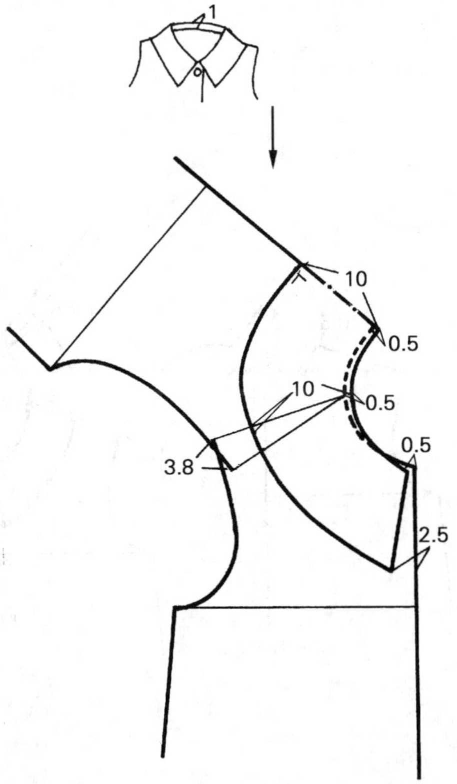

图 4－3－3

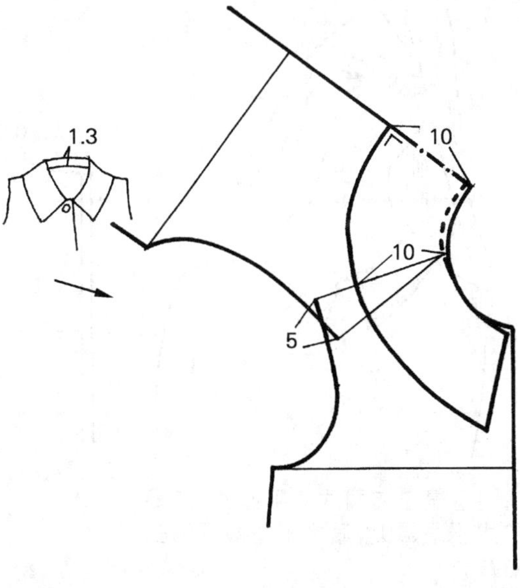

图 4－3－4

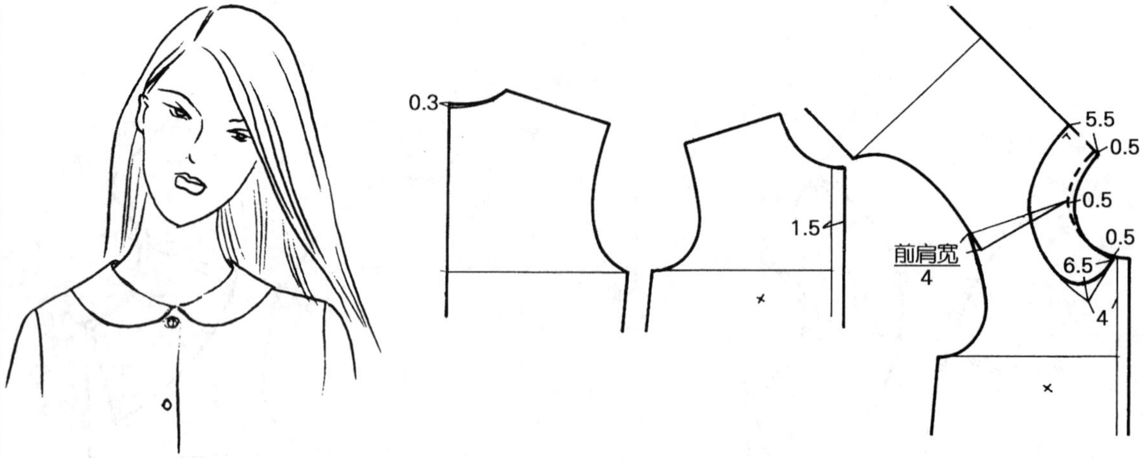

此款为小平祖领，前领口呈小圆形状，十分可爱，适用于童装和女装。

图 4－3－5

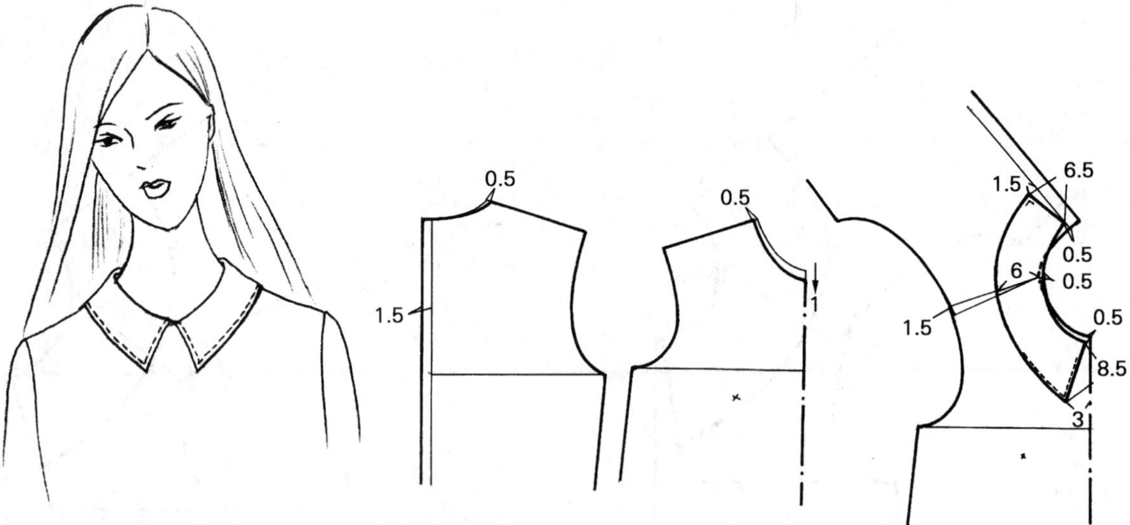

这是左右两片的平祖领，前领尖大于后领尖，适合于后背开口的衬衫。

图 4－3－6

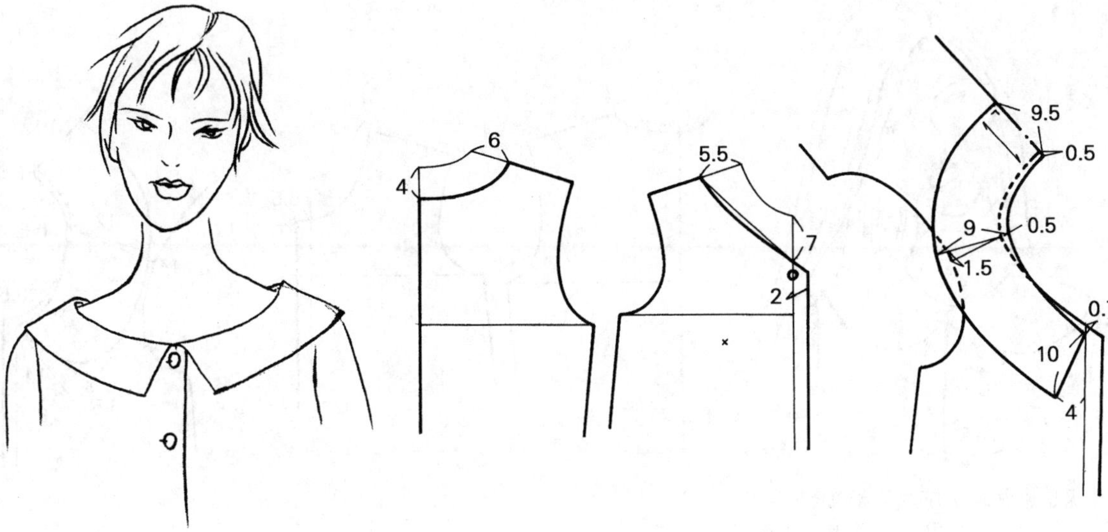

此款为领口线很大的平袒领，前领口呈浅 V 形。其外形富有个性，适合于年轻女性穿着。

图 4－3－7

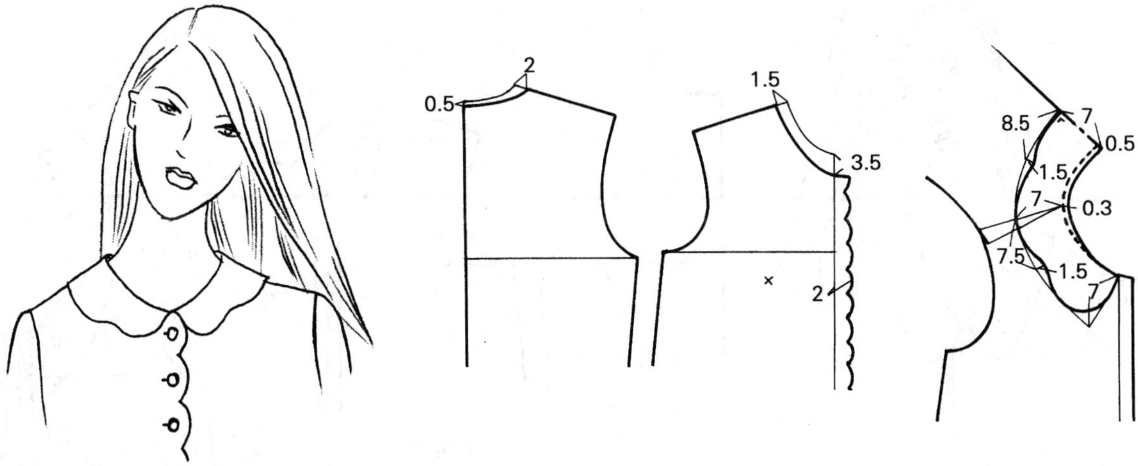

该款的特点在于领子的外口线变化为扇蛤蜊型，富有女性味。

图 4－3－8

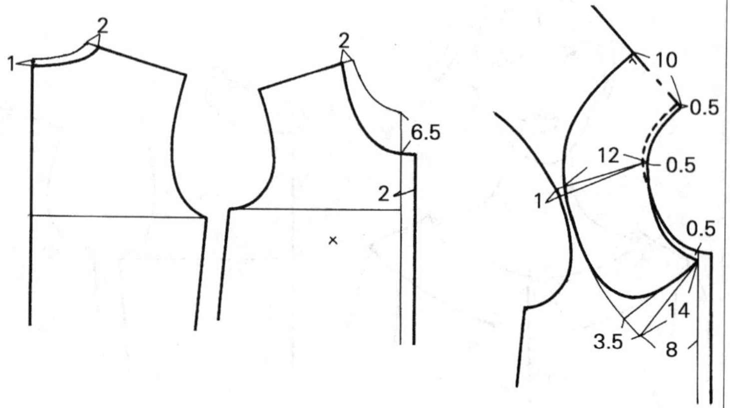

这是领面较宽的大平祖领，前领圆浑，给人以活泼可爱的感觉。领子若采用与衣身不同的白色布，则有清纯的感觉。

图 4－3－9

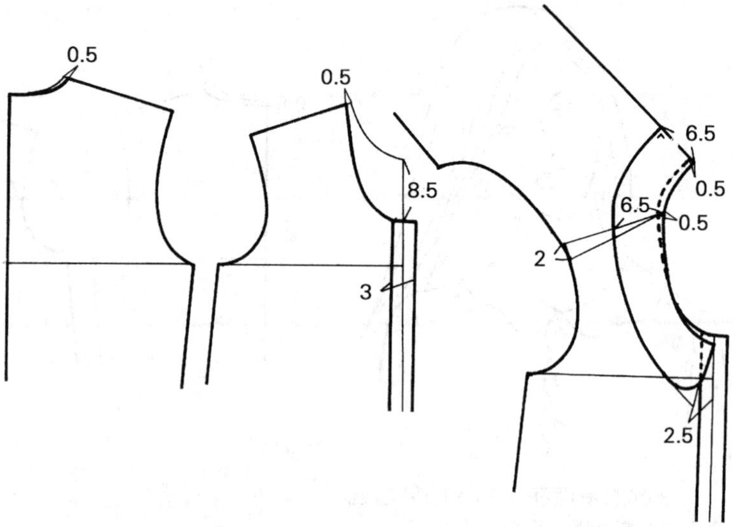

此款的特点是前领口线呈 U 字形的平祖领，具有成熟感。

图 4－3－10

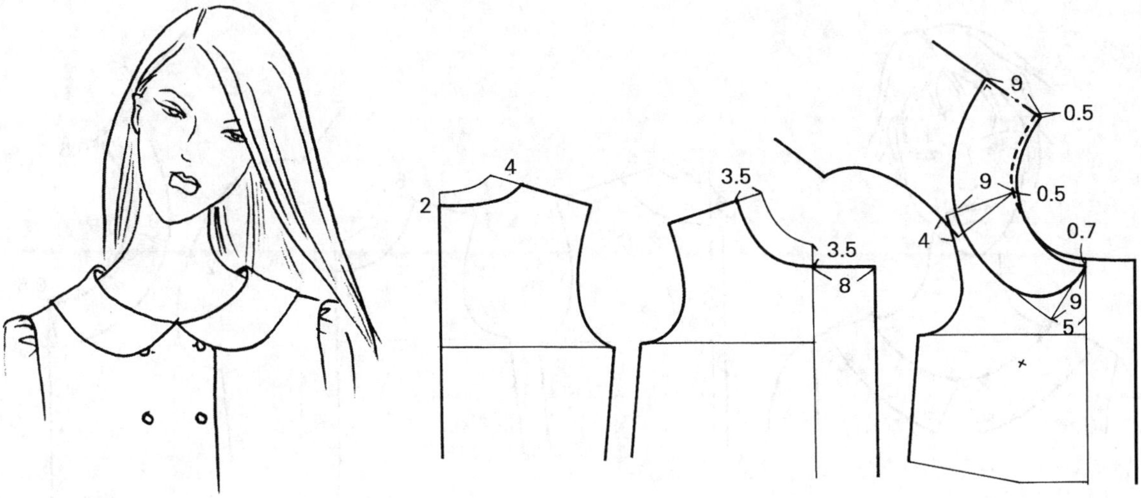

此款为双排扣平袒领，适用于春夏季女装。

图 4－3－11

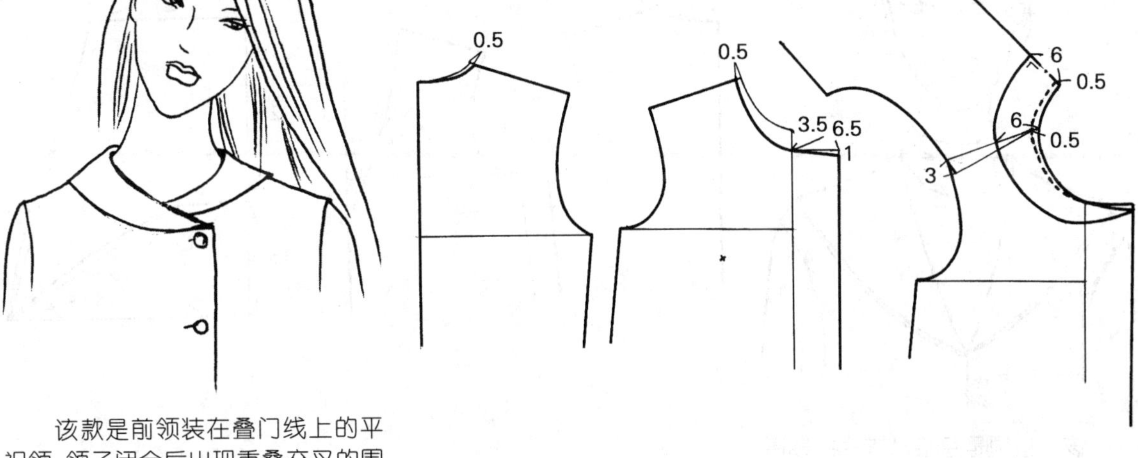

该款是前领装在叠门线上的平袒领，领子闭合后出现重叠交叉的围巾式样。

图 4－3－12

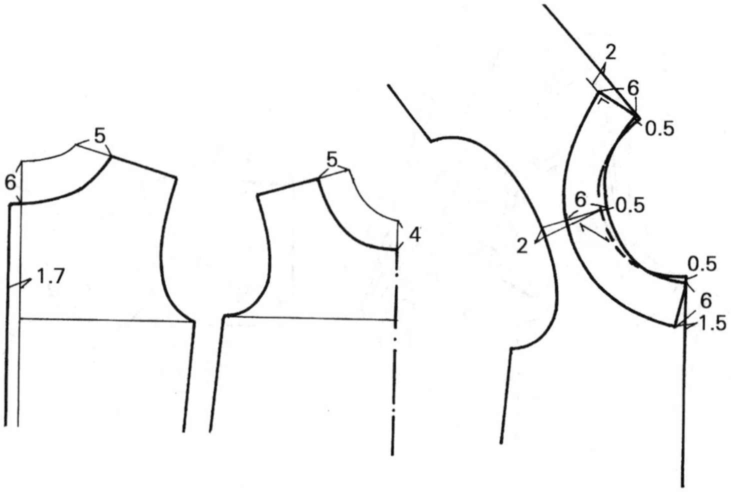

此款为大领口的娃娃领，领子分为左右两片，后中央开口，适用于夏装。

图 4－3－13

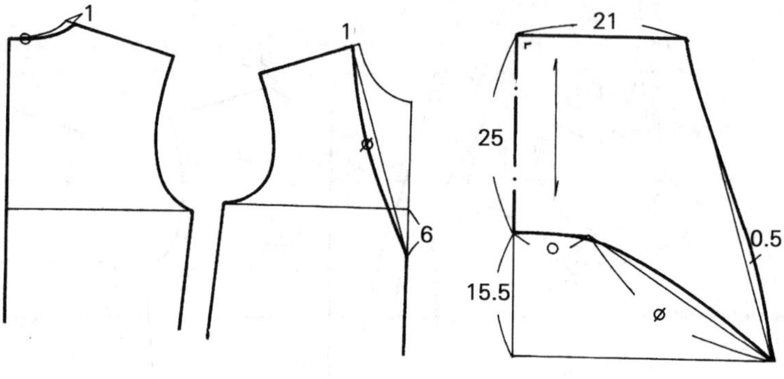

该平袒领是直接从衣片的领围线上量取尺寸来进行制图的。

图 4－3－14

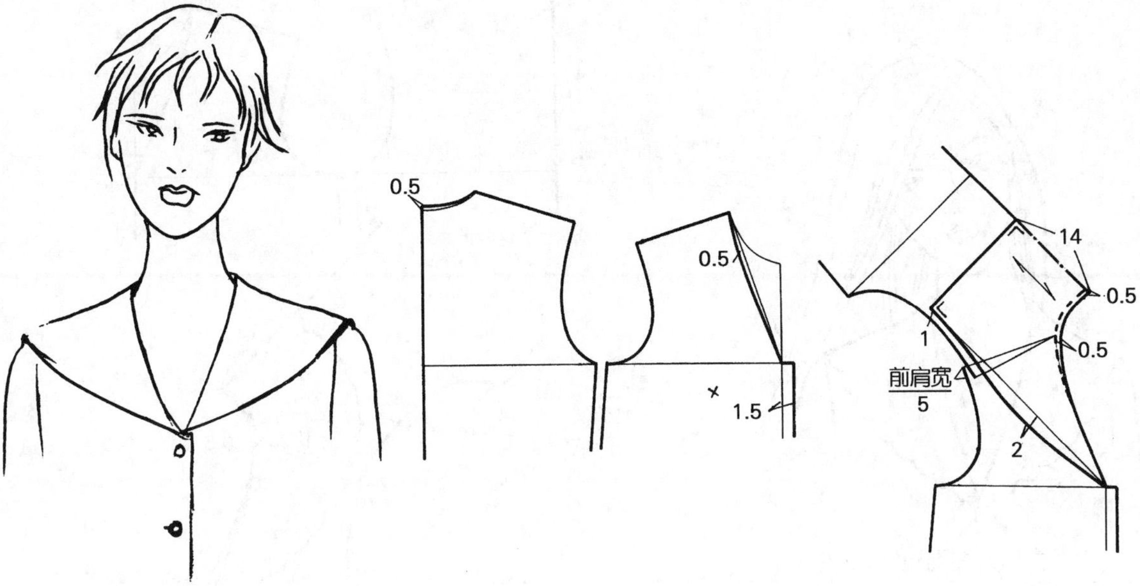

此款是从水兵服演变而来的，显示出朝气蓬勃的青春气息，常用于女学生的制服中。

图 4－3－15

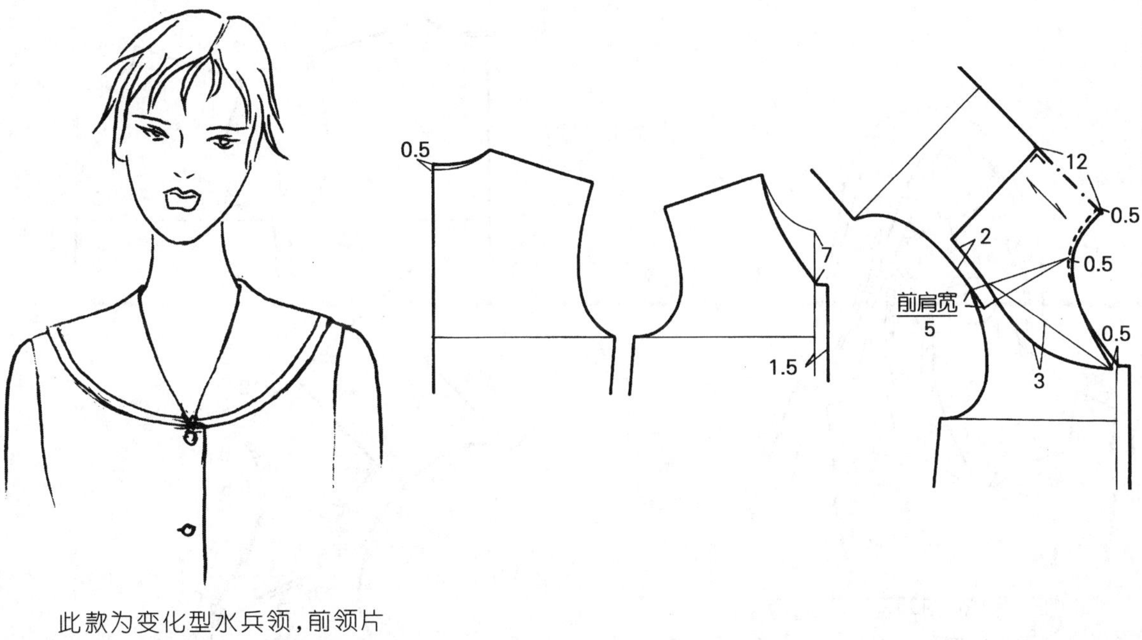

此款为变化型水兵领，前领片为圆弧状，若在领片上镶条，则能起醒目的作用。该领常用于女学生的制服中。

图 4－3－16

此款为月牙边阔袒领，女性味十足，显得妩媚动人。

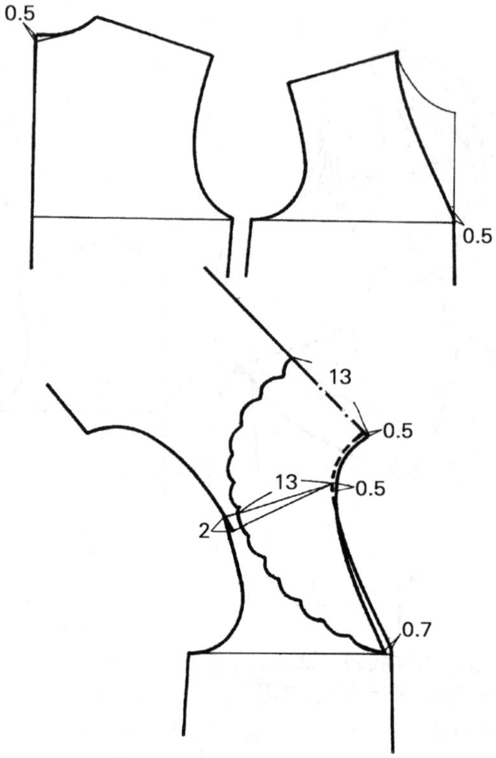

图 4 - 3 - 17

此款后领较宽，前领呈三角状，富有变化，适用于夏装。

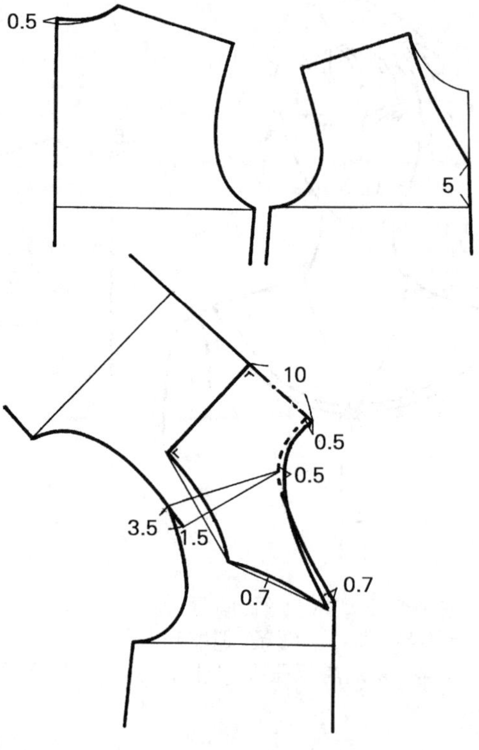

图 4 - 3 - 18

此款为燕尾平袒领，具有成熟感，适用于女性夏装。

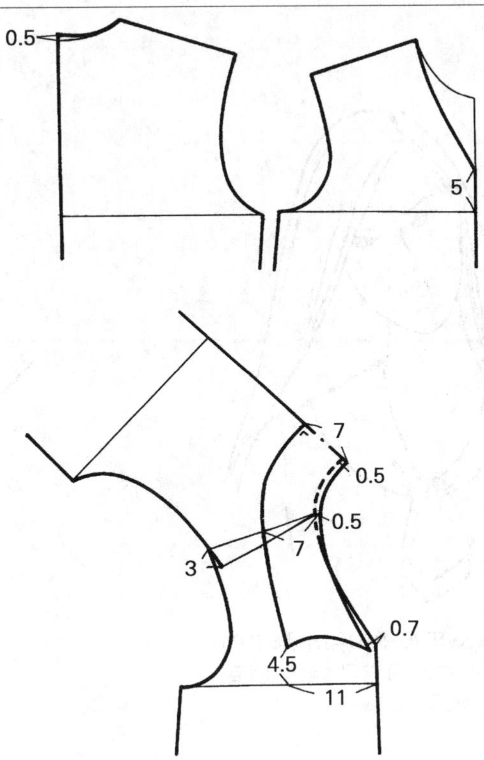

图 4－3－19

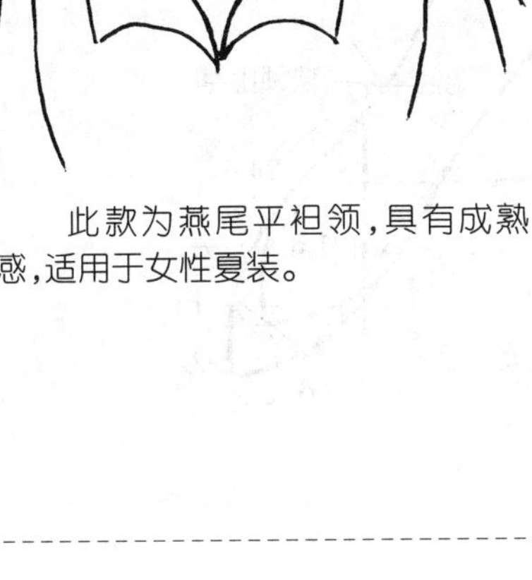

此款为水兵飘带领，给人以天真活泼的感觉，特别适用于童装和少女装。

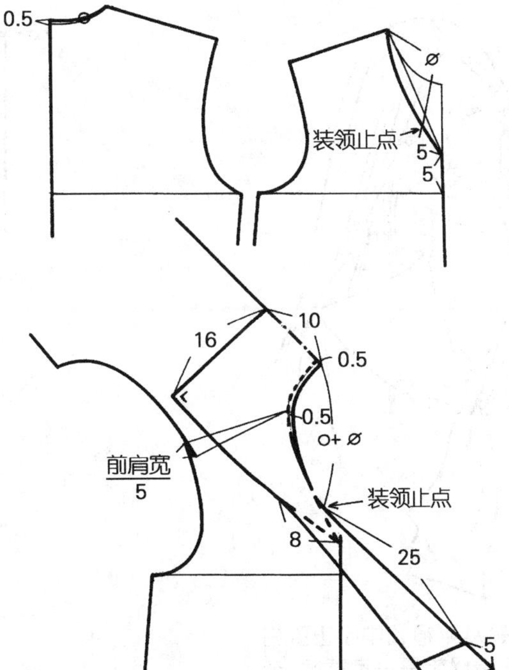

图 4－3－20

该款是从平祖领中引出飘带的领子，带子左右长短有别，系上后有优美典雅之感。

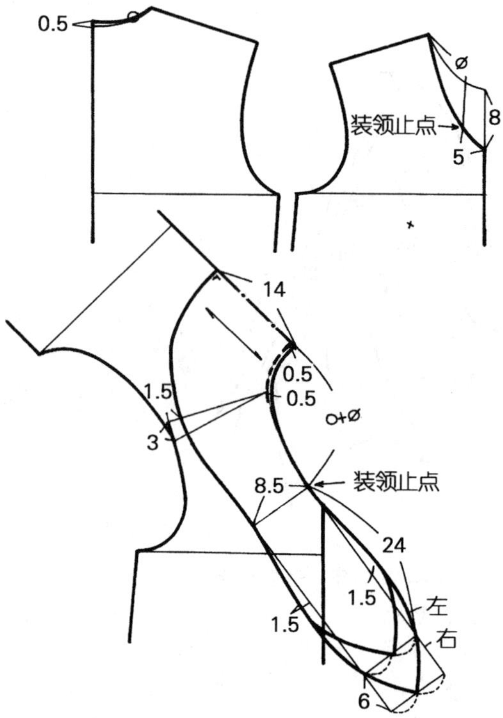

图 4－3－21

此款也是从平祖领中引出飘带的领子，由于系飘带需一定宽度，故装领止点要距前中心 4～5 cm。

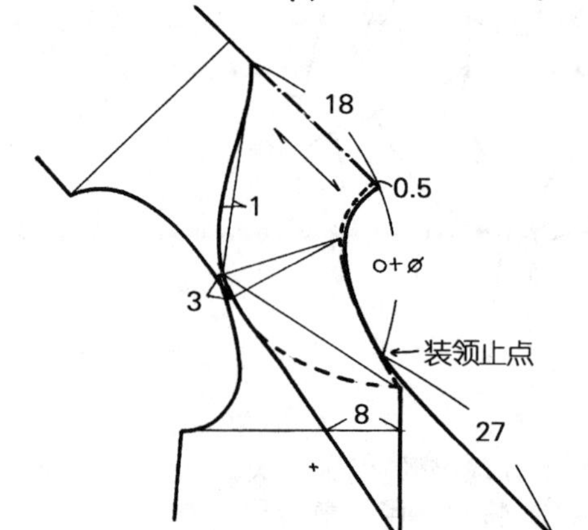

图 4－3－22

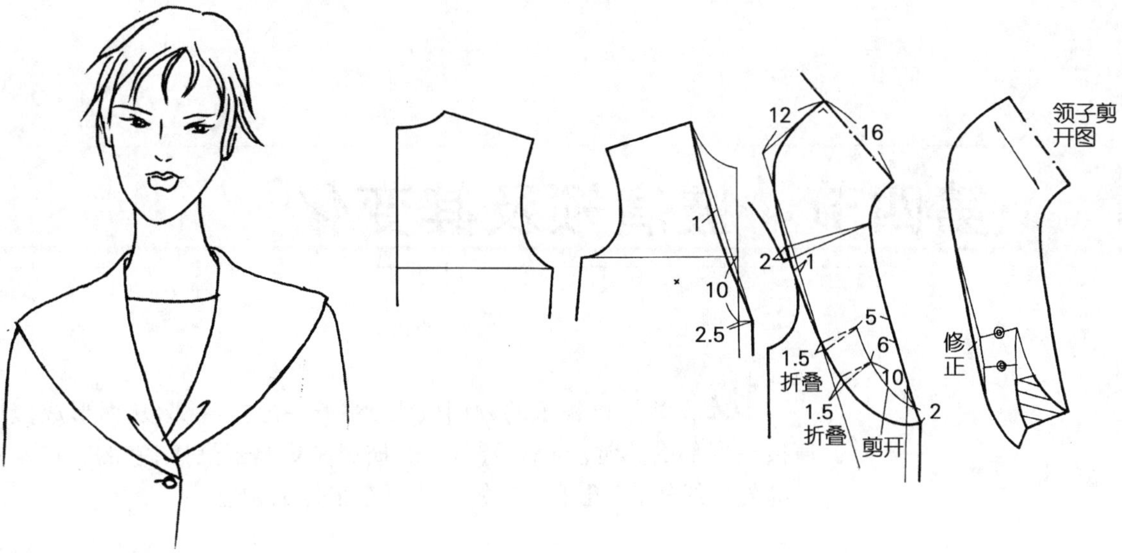

这是水兵领的变化领款,装领止点加有褶裥,适合于成熟女性穿着。

图 4－3－23

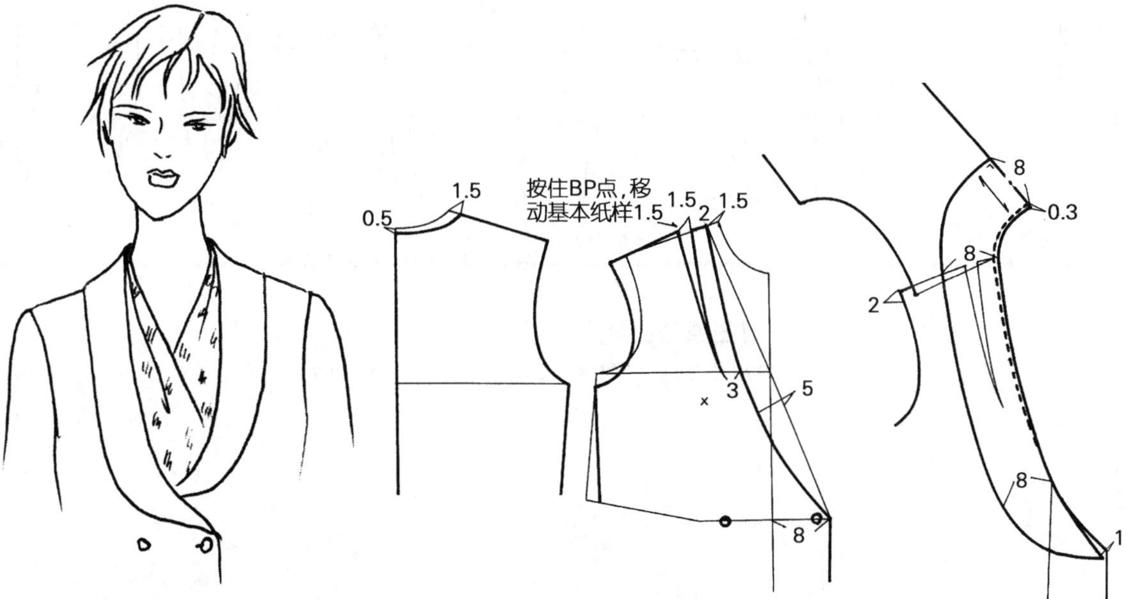

该领是装在柔和领线曲线上的平袒领,时装感强。

图 4－3－24

第四节　披肩领及其变化

披肩领是指领子的领面较大，领子平袒在肩部，从而形成似披肩披在肩部的感觉。与平袒领相比，披肩领更具舒展感，它的特点是领子的外口线较长，几乎没有领座或只有很低的领座。

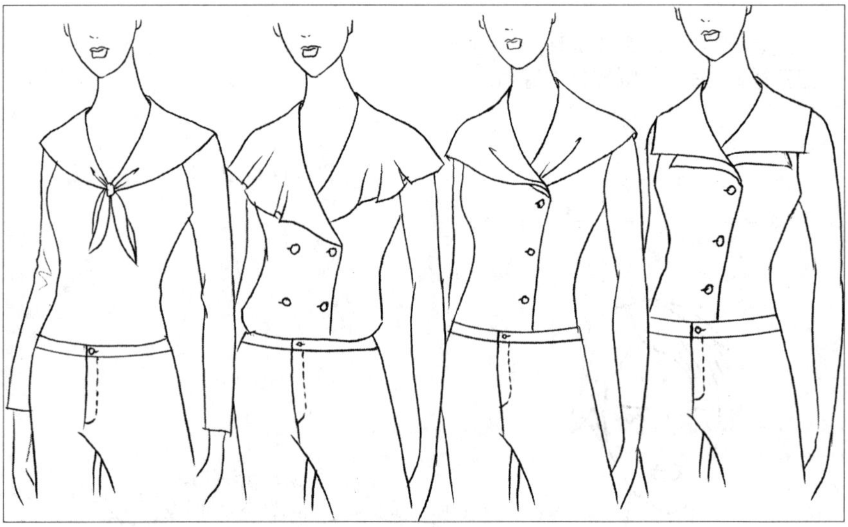

图 4－4－1　几种披肩领

制图原理： 参照平袒领。

具体方法见图 4－4－2 至图 4－4－17。

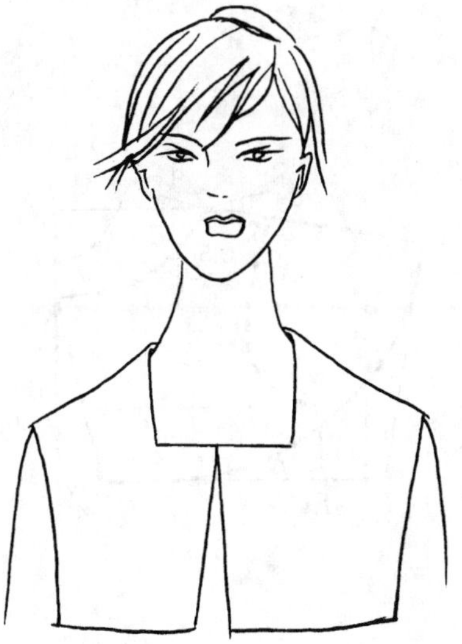

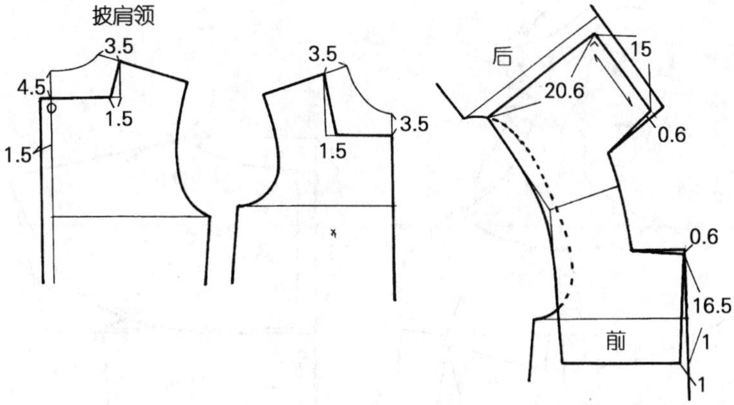

此款为后中央开口的披肩领，领圈和领外口线均呈现方形，适合于年青女性及女童穿着。

图 4－4－2

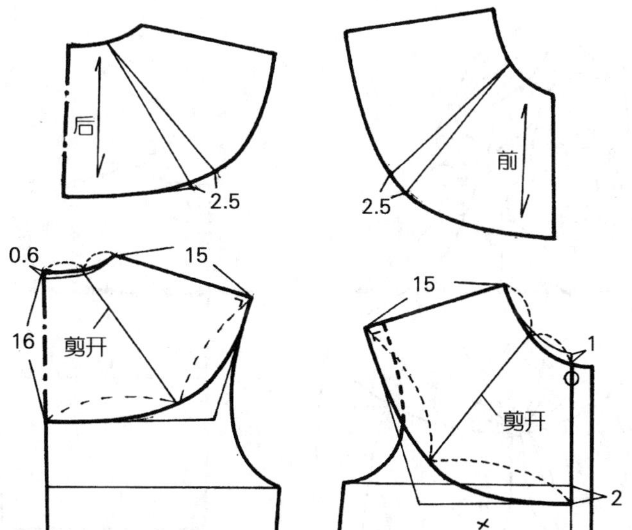

此款是在披肩领口上用斜条滚边的系结领，故领口裁剪时不放缝头。

图 4－4－3

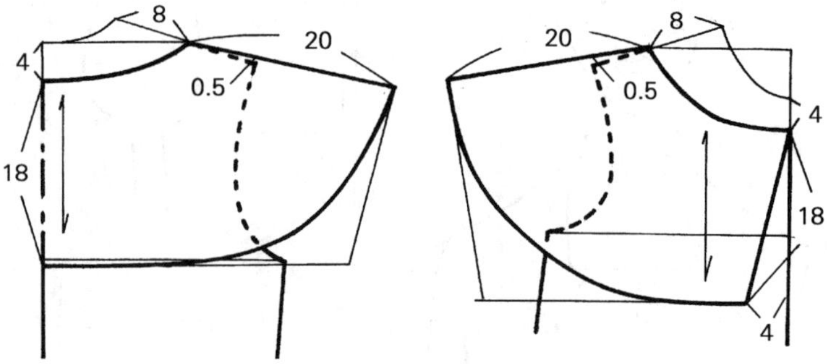

此款是接缝在衣片上的大领圈上的大披肩领，宜选用薄而柔软的面料。

图 4－4－4

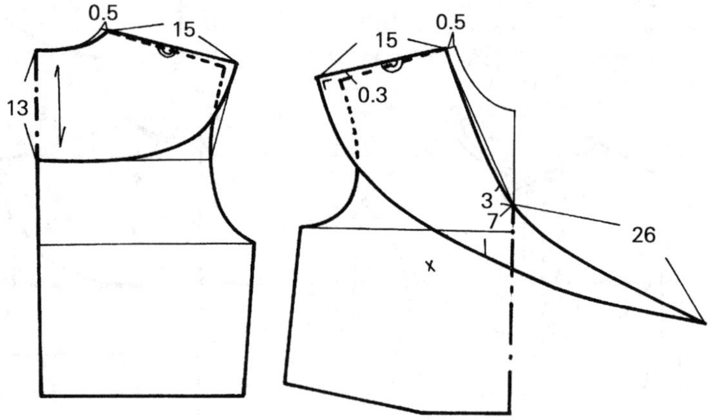

此款为披肩领与系结领的组合，给人以纯真的感觉，适合用于夏装。

图 4－4－5

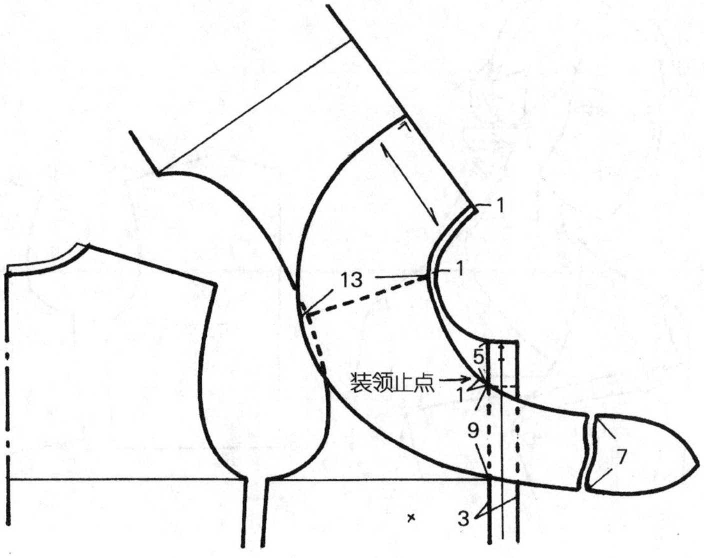

此款领型是披肩与飘带的组合，为方便飘带穿过串带袢，装领止口要稍远离开门襟线。

图 4－4－6

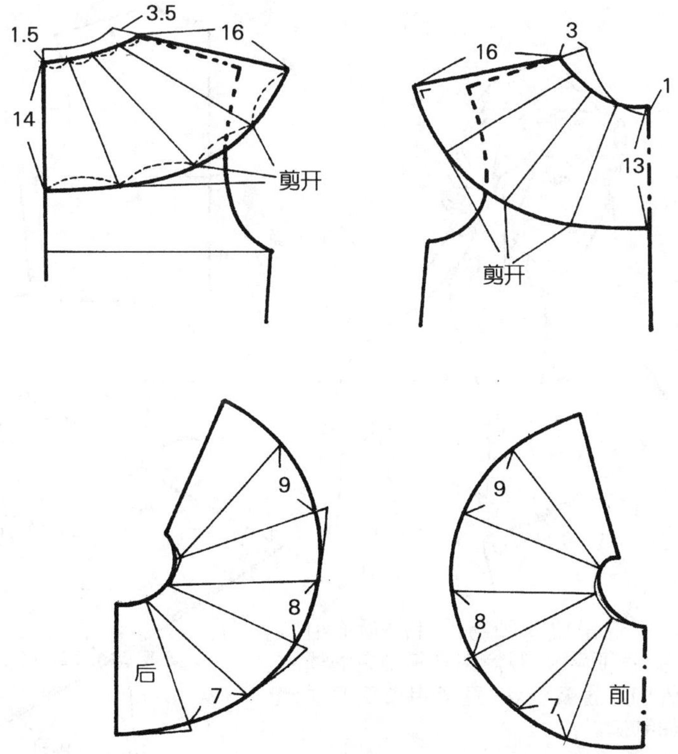

这是波浪型披肩领，通过剪开法在领外口线上放入波浪的量而形成的自然皱褶。

图 4－4－7

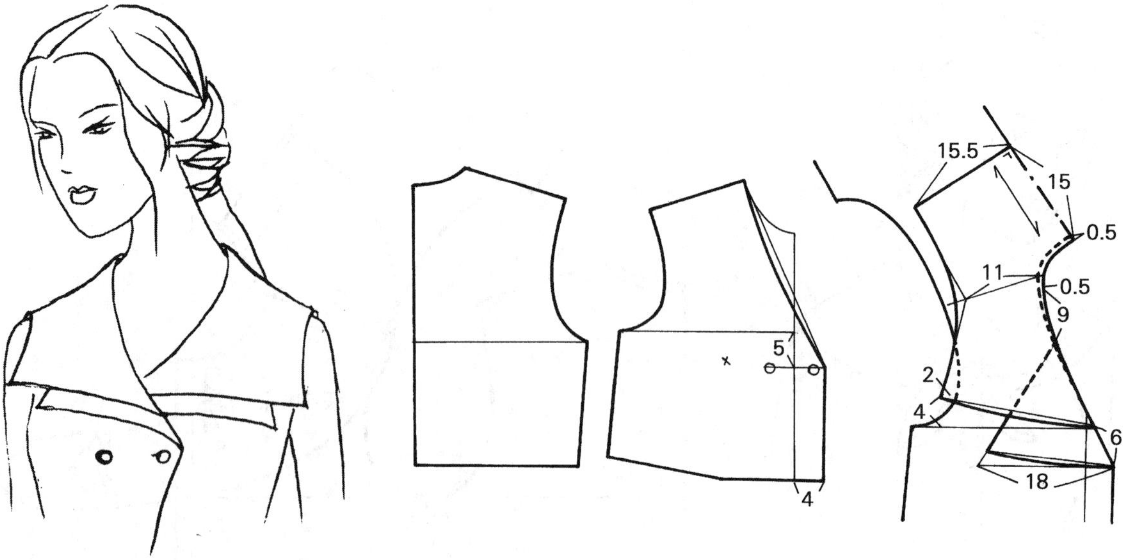

这是双层单片缝制的小披肩领，领外口采用装饰缝型车缝，以防布丝散脱，宜选用柔软的薄型面料。

图 4－4－8

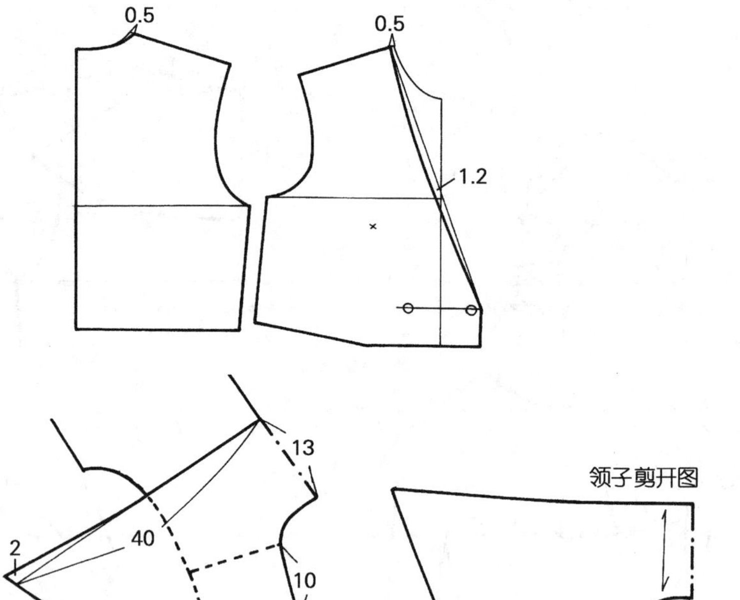

这是披肩领与荷叶边领的组合，后领平服，从肩部到前中央的领外口线呈波浪状，宜选用柔软的面料制作。

图 4－4－9

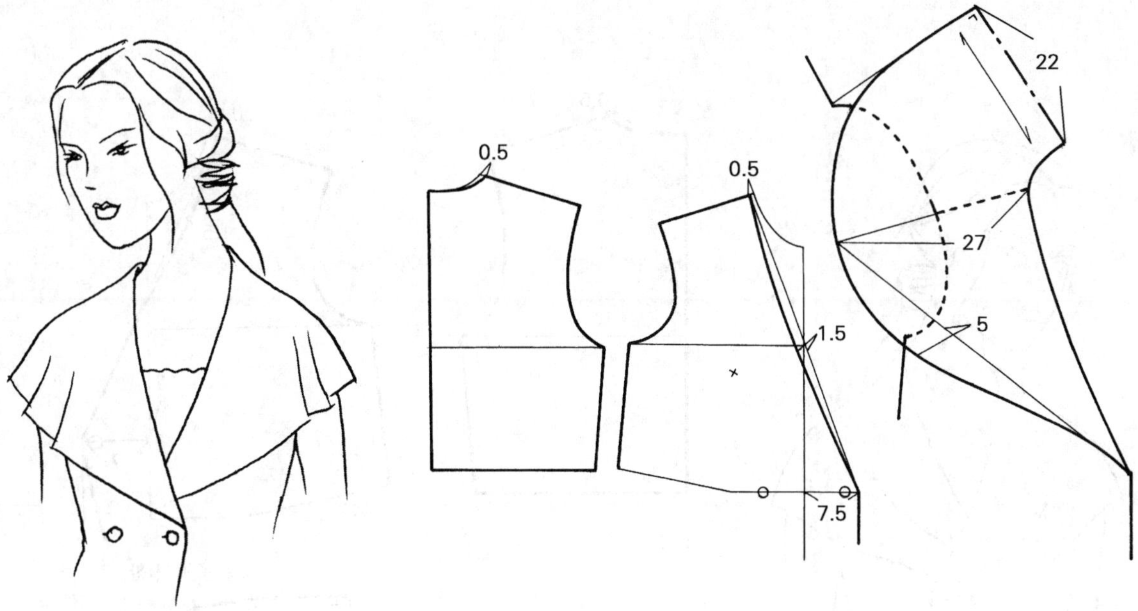

此款为特大的披肩领，前片设计为双排扣，具有华丽之感，适合选用柔软的面料。

图 4－4－10

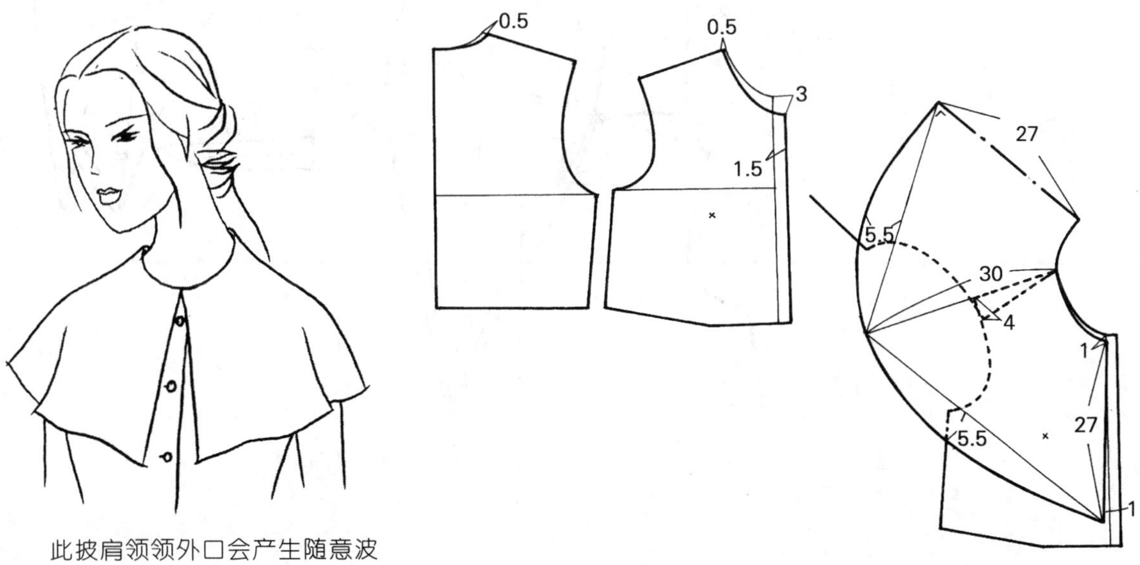

此披肩领领外口会产生随意波浪的感觉，宜选用悬垂性好的面料。

图 4－4－11

在大披肩领的前中央加上褶裥作装饰，能产生变化之美，宜选用薄毛料等具有垂褶性的面料。

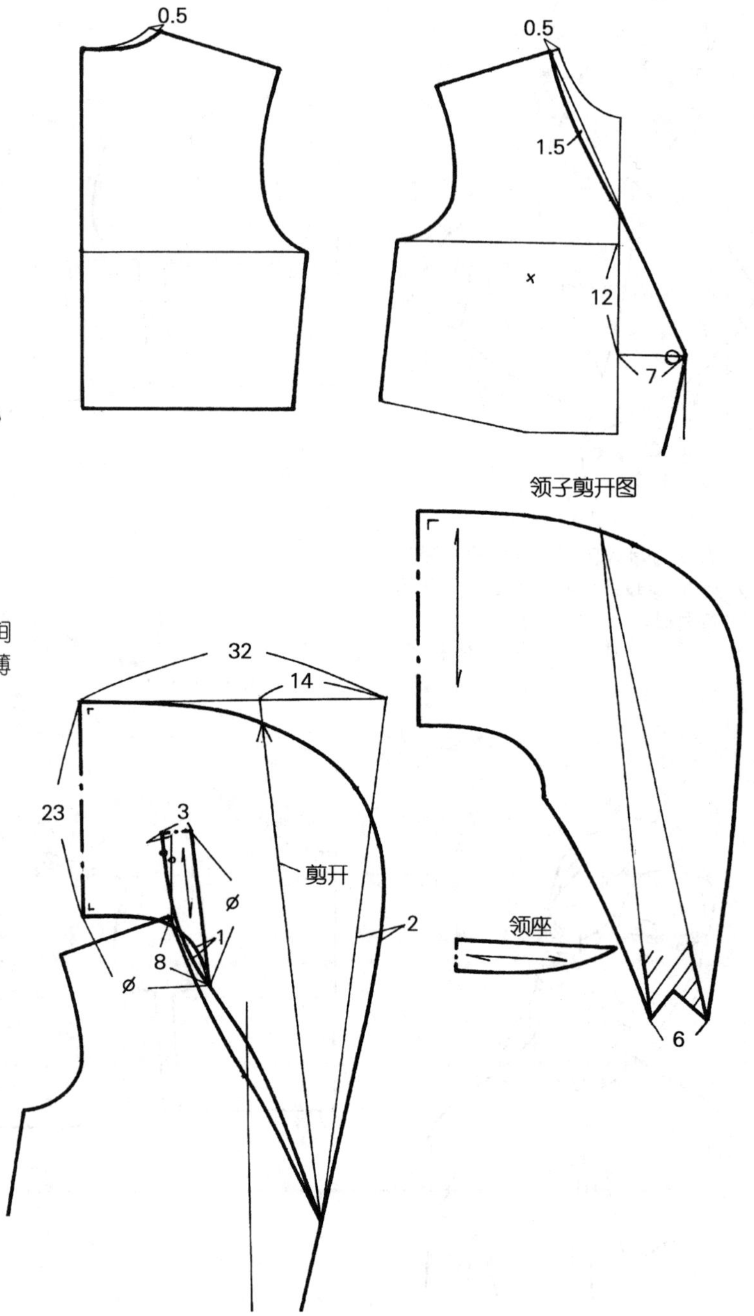

图 4－4－12

此款可选用稍厚的毛料缝制，覆盖肩部的领子具有保暖效果。

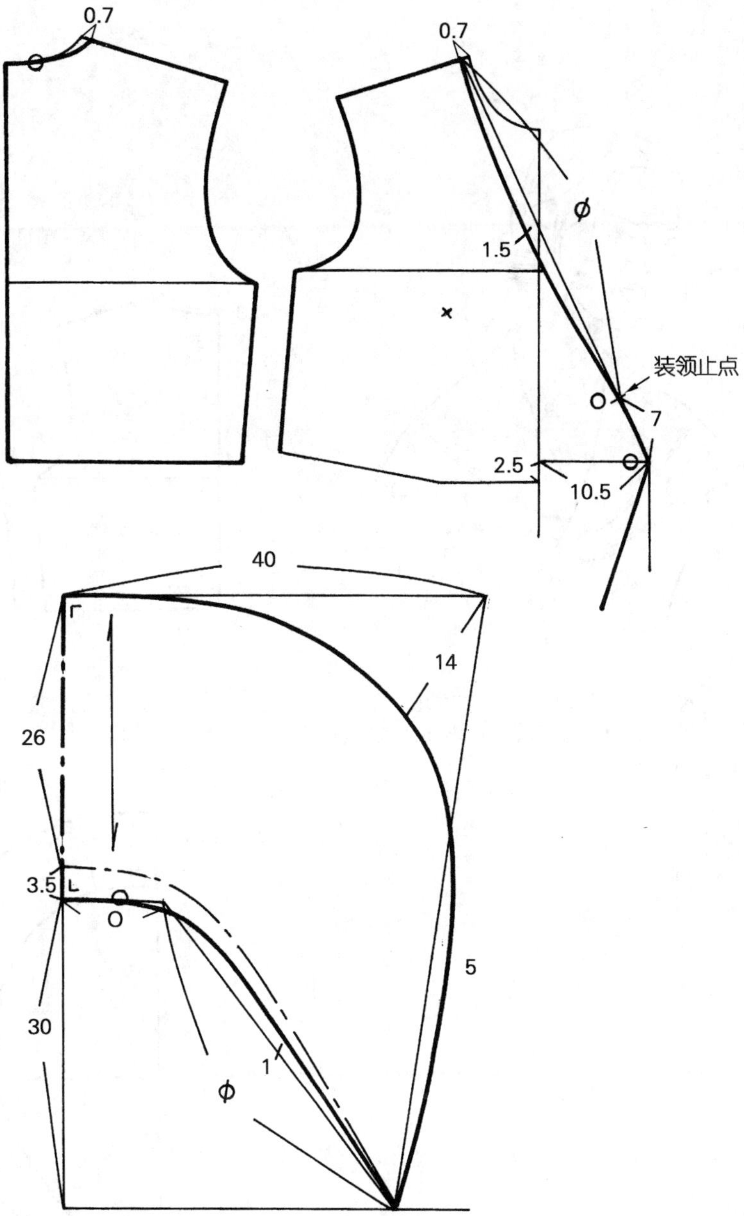

图 4－4－13

大披肩领的边沿加缝荷叶边，荷叶边可采用单层面料缝制，能显示女性柔美的性格。

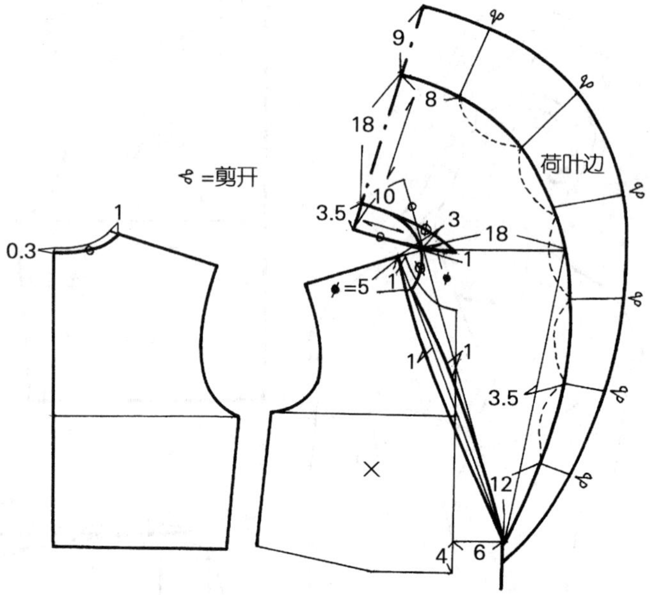

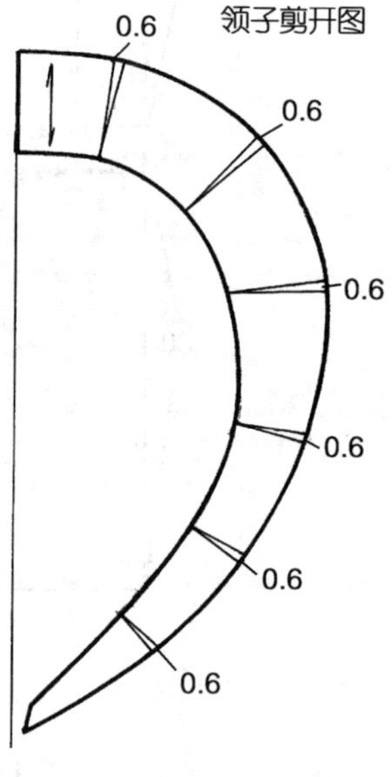

图 4-4-14

此款披肩领适合采用单层面料缝制，若在领外口线上饰以蕾丝，则能显示优美的外形。为了胸前的系节稳定，蕾丝的质地应较柔软。

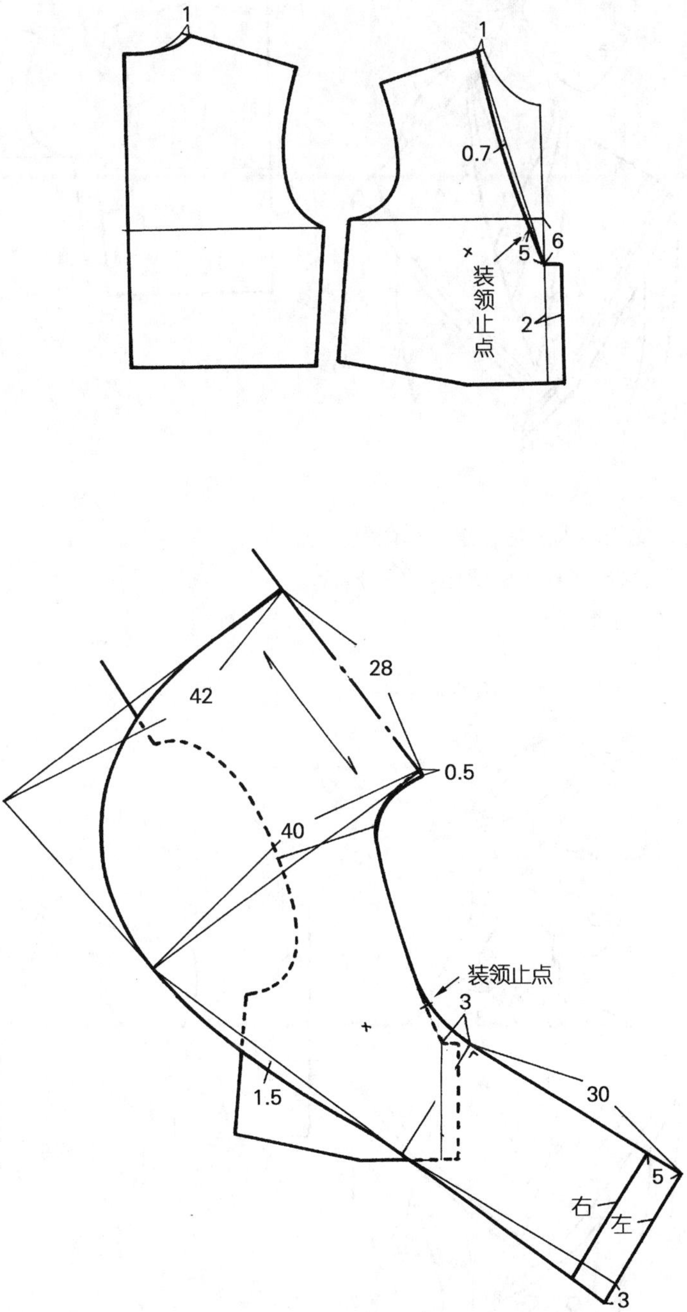

图 4－4－15

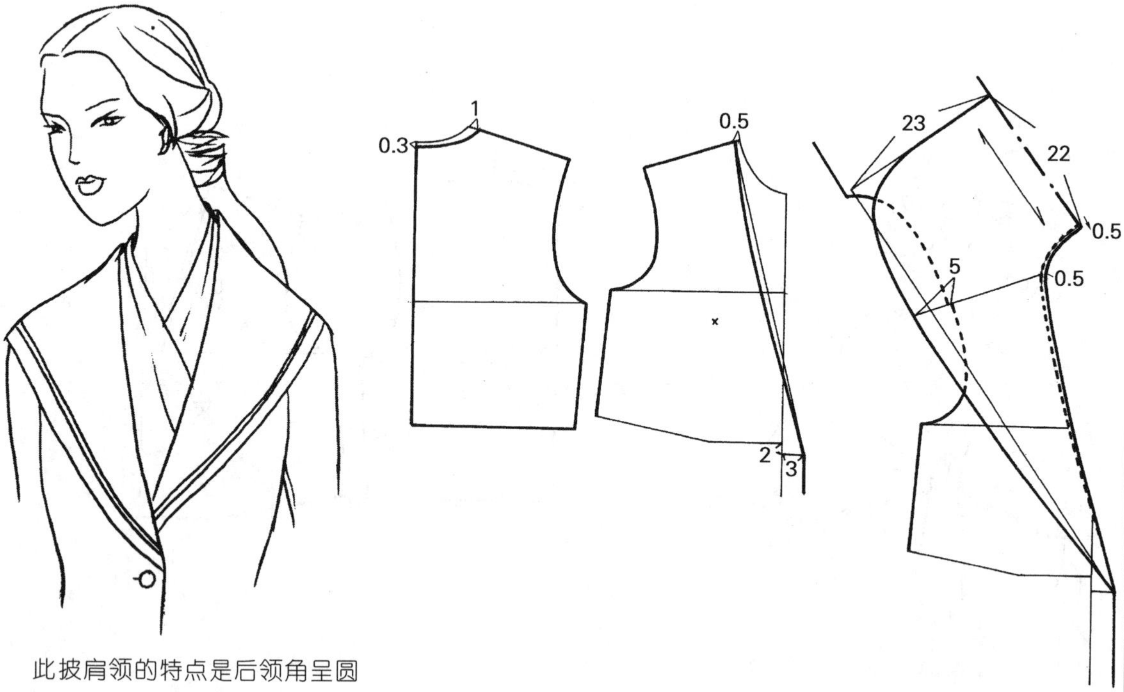

此披肩领的特点是后领角呈圆弧状，突出了细节的变化，适合于年轻女士穿着。

图 4－4－16

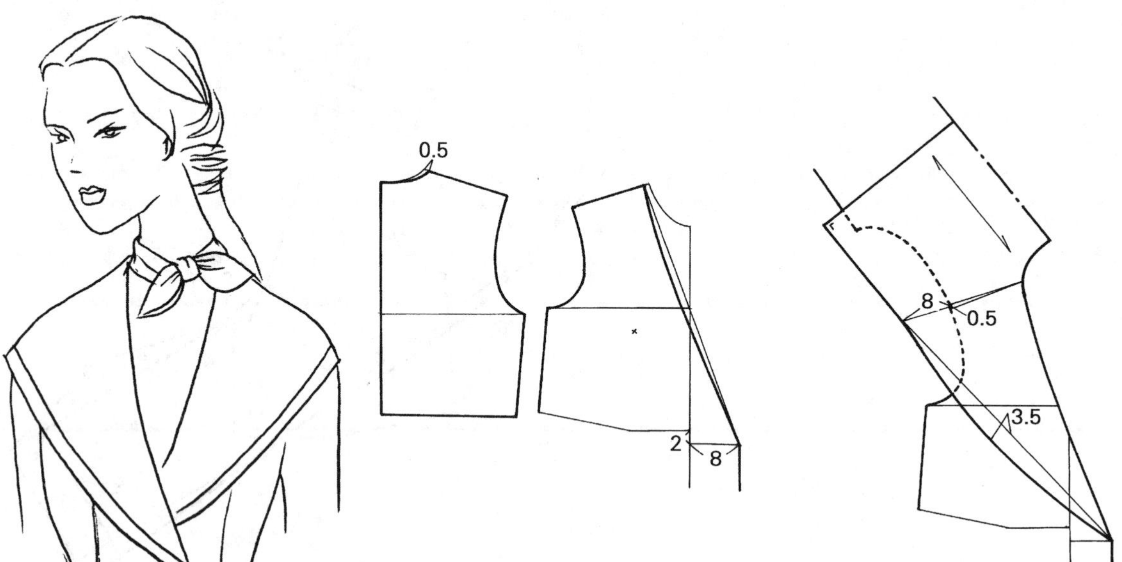

此款为宽大的披肩领，领子盖过肩膀，给人以坦荡之感。领片宜斜裁，具有柔和的感觉。

图 4－4－17

第五章

敞领及其变化

敞领是指穿着时敞开前领部分而露出颈项和内衣的领型。这类领型一般是由翻领和驳领两部分组成。它具有实用美观、庄重洒脱的特点,因而深受人们的喜爱。

敞领在所有的领型中是最富有变化、用途最广,也是最复杂的一种。它既有领嘴张开的西装领、蟹钳领,也有领嘴闭合的青果领、燕子领等,并由此而变化出各种各样宽窄不同、长短各异的驳领。本章将介绍领嘴张开的翻驳领(包括枪驳领、叠驳领、登驳领)、领嘴闭合的连挂面敞领以及后领无翻领领面而只有领座的立驳领等。

图 5-0-1　几种敞领

第一节　翻驳敞领及其变化

翻驳领是由翻领和驳领两部分组成的一类领型(见图 5－1－1),翻领与衣片领口缝合,驳领由衣片的挂面翻出而形成。翻领和驳领连接的线称为串口线,翻领角和驳领角相交所形成的角称为领嘴,驳领在衣片止口的翻折点称为驳点,驳领从驳点开始到翻领处向外翻折是沿着一条固有的“线”进行的,这条线被称为翻折线。翻驳领在敞领中属于最常见且品种最为丰富的一类领型,其领子的宽窄、串口线的高低和平斜、领嘴的大小、驳点的高低等变化,都会使其形成不同的外形(见图 5－1－2)。

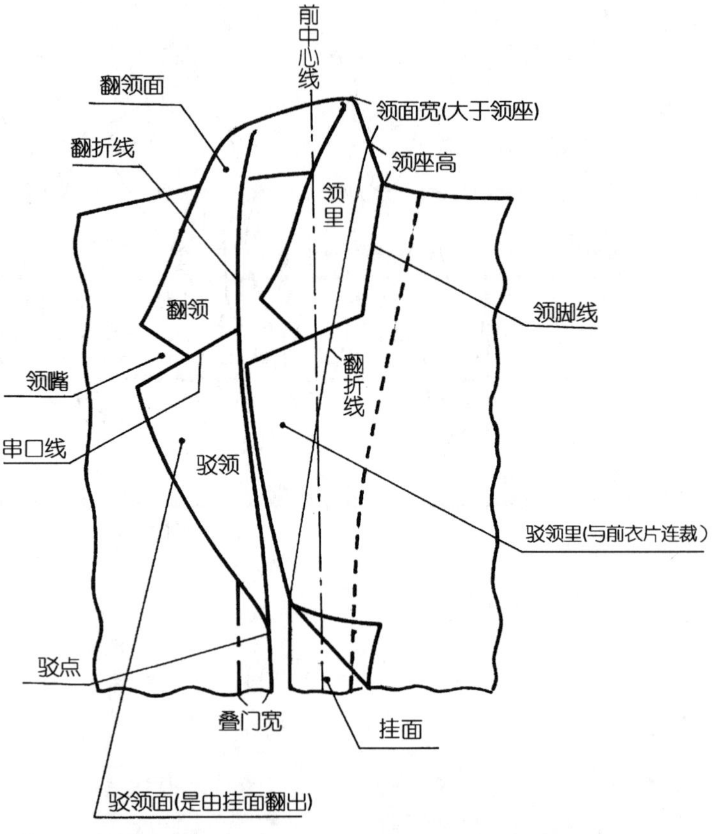

图 5－1－1

图 5－1－2　几种翻驳敞领

制图原理：

制图时，领子倒伏量的确定是至关重要的见图 5－1－3。首先按图中 A 所示在前后衣片上画出想要的领子，其次把前领形按图中 B 所示沿翻折线左右对称地拓下来，然后从前领口的位置开始画翻折线的平行线，取后领弧长○，再从它的垂直线上取后领座宽⊙和后领面宽■，最后同前领的外口线相连。因为在 A 中预设的后领外口尺寸●是必需的，所以按图中 C 所示在肩线的延长线上剪开，放出尺寸且使之与后颈外口●等量。这样就确定了倒伏量◎。此倒伏量是从制图原理角度来进行确定的，在实际中，由于肩的倾斜和肌肉的发达等因素的影响多少会有些出入。领子的倒伏量越大，领子外口线就越长。

在弄清了制图原理后，就可以在前衣片上进行直接的制图。以下介绍制图方法及制图步骤，见图 5－1－4：

① 在前领口的 1/3 处，在大约平行于肩线或稍向上斜方向，定出前领座的宽，连接领座和驳点（即这条线就是翻折线），从侧颈点向上画翻折线的平行线，在平行线上量取后领弧长。

② 以侧颈点为基点，后领口弧长为半径画弧，在弧线上量取倒伏量尺寸，再与侧颈点用直线相连，这就是后领底线的基础线。延长串口线向里进 2～2.5 cm 为前领底线始点，从该点向后领底线基础线画圆顺的线，此条线即为翻领的领底线。

③ 作后领底线的垂线，定出后领座宽和后领面宽。

④ 定出前领宽，画出轮廓线。

在制图中倒伏量的尺寸很重要，一般翻领的倒伏量的平均值是 2.5 cm，这是根据翻领的领面与领座差为 1 cm，驳点开深至腰部以及翻驳领中有领嘴的基本结构相匹配而得出的结果（见图 5－1－5）。如果倒伏量太大，则领子的外口线变长，造成穿着后翻领的领面不平服；若倒伏量太小或无倒伏量，则会使领子的外口线变短，穿着后无法使领子翻平整，见图 5－1－6。

以下将介绍影响倒伏量变化的一些因素：

① 驳领止点的影响（见图 5－1－7）：翻驳领明显上升时，前门襟

驳点提高,造成驳口线与后领圈的弧度增大,领面用量增多,翻领部分的倒伏量增加;相反驳点位置低,倒伏量减小。

② 领面与领座的面积差的影响(见图 5－1－8):翻领的领面与领座的面积差数增大,倒伏量增加。其原理相当于翻领制图中的后中线直上尺寸。

③ 材料的影响:天然织物或粗纺织物的伸缩性较大,倒伏量要小;人造纤维织物或精纺织物的弹性相对小些,倒伏量就要适当增加。

④ 无领嘴结构的影响:翻驳领一般都采用带领嘴的结构,领嘴的张角实际上起着调解翻领和衣身容量的作用。因此,带领嘴的翻驳领其倒伏量要小,而没有领嘴的翻领如青果领或领嘴闭合的枪驳领,其倒伏量要适当增加。

值得注意的是,在实际中,驳点的深浅、领面与领座的面积差、材料的性能和领型结构等诸因素的影响往往会同时出现,因此,设计者要根据综合因素来确定倒伏量,决不能用固定的、单一的数学公式去套用,这样才能体现出不同领型的设计造型风格。

具体方法见图 5－1－9 至图 5－1－27。

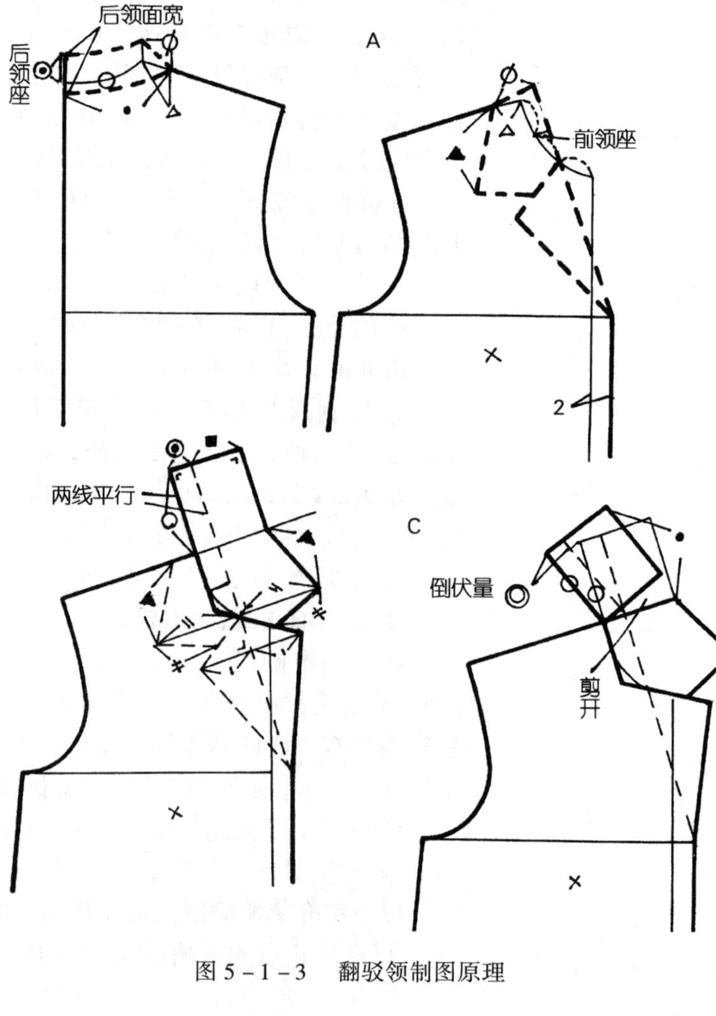

图 5－1－3　翻驳领制图原理

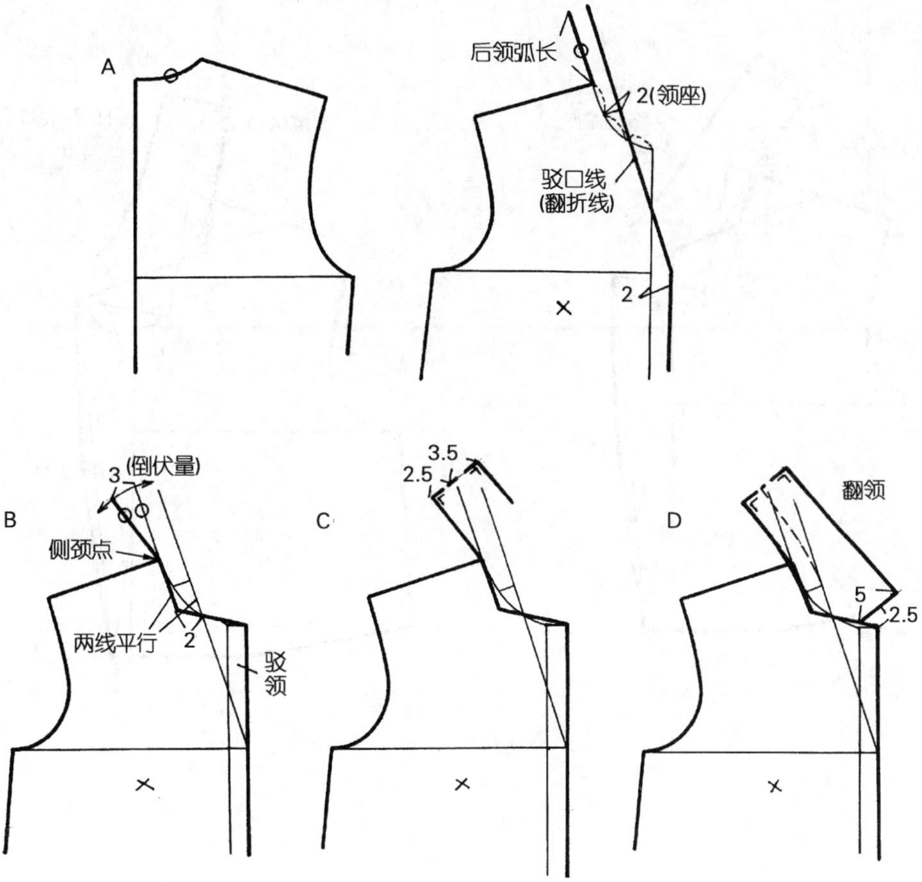

图 5－1－4　翻驳领制图方法及步骤

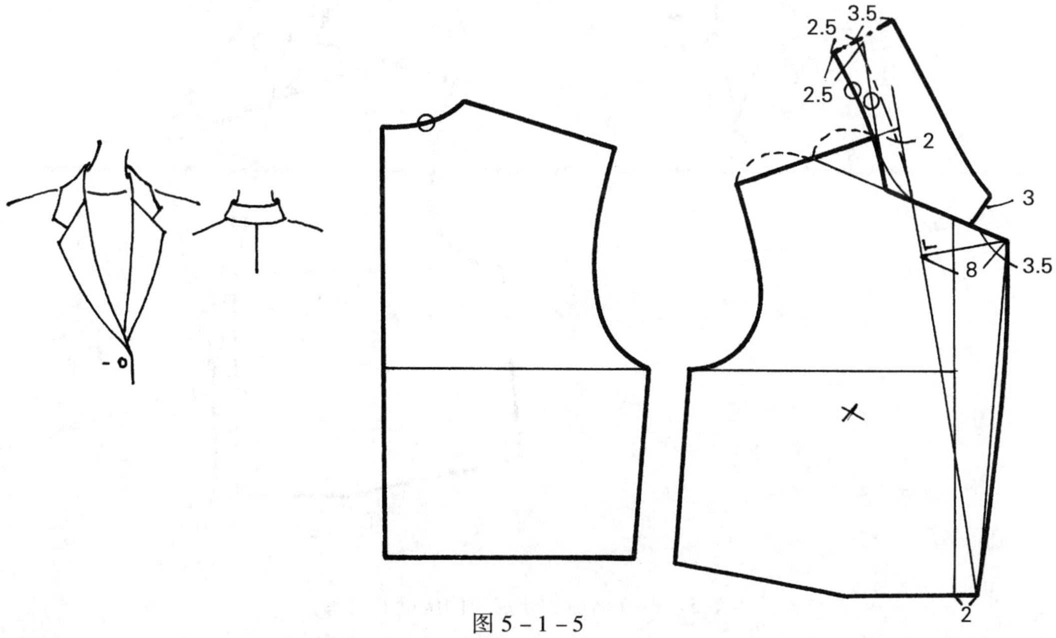

图 5－1－5

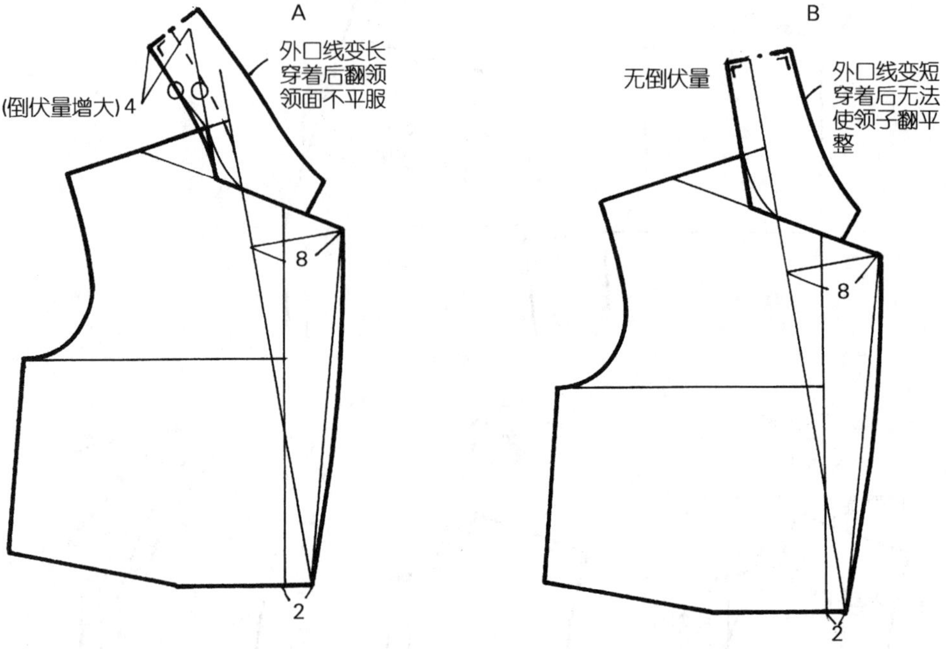

图 5－1－6　翻驳领倒伏量不适当的后果

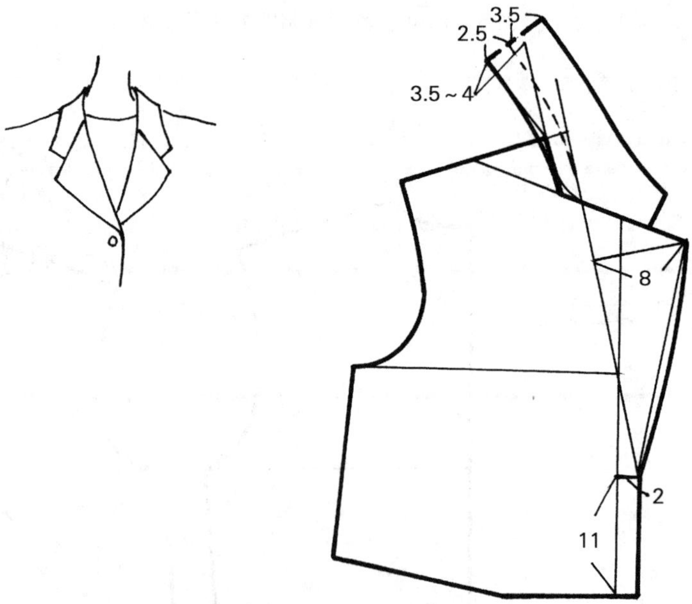

图 5－1－7　驳领止点与倒伏量的关系

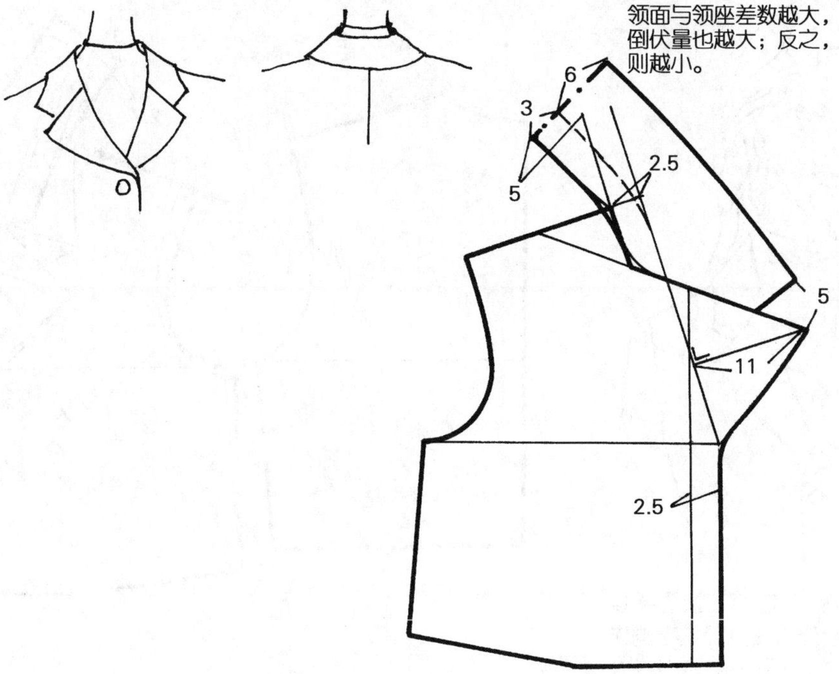

图 5－1－8　领面与领座的面积差与倒伏量的关系

该款为衬衫式小西装领，驳点较高。前领采用撇胸，撇胸量为 1 cm。

撇门的处理：

按住 BP 点转动基本纸样，使领口增大 1 cm，后面款式的处理方法相同。

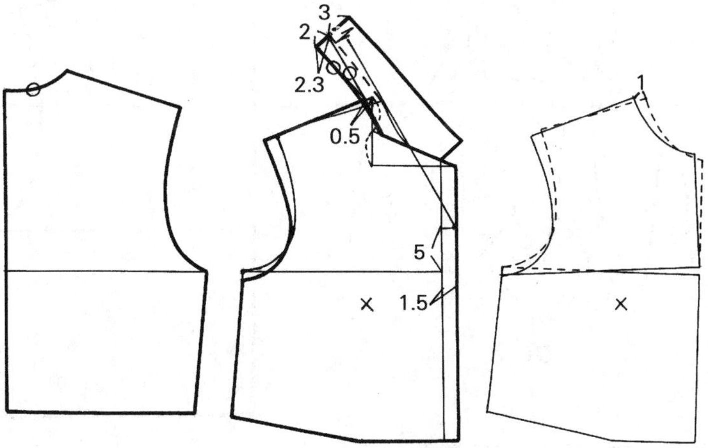

图 5－1－9

此款为西服领，驳点在胸围线以下 5 cm，制图方法为在驳口线左侧先画出要设计的领形，然后以驳口线为中心，在其右侧找出对应点。

图 5－1－10

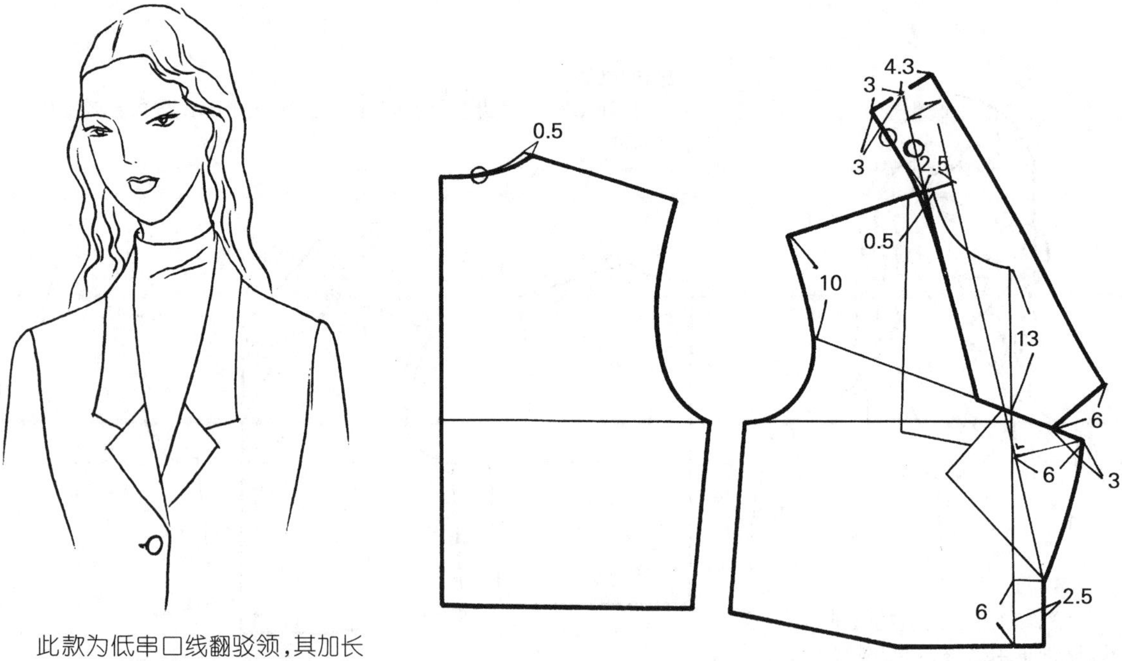

此款为低串口线翻驳领，其加长了翻领的长度而缩短了驳领的长度，在比例上打破了常规。

图 5－1－11

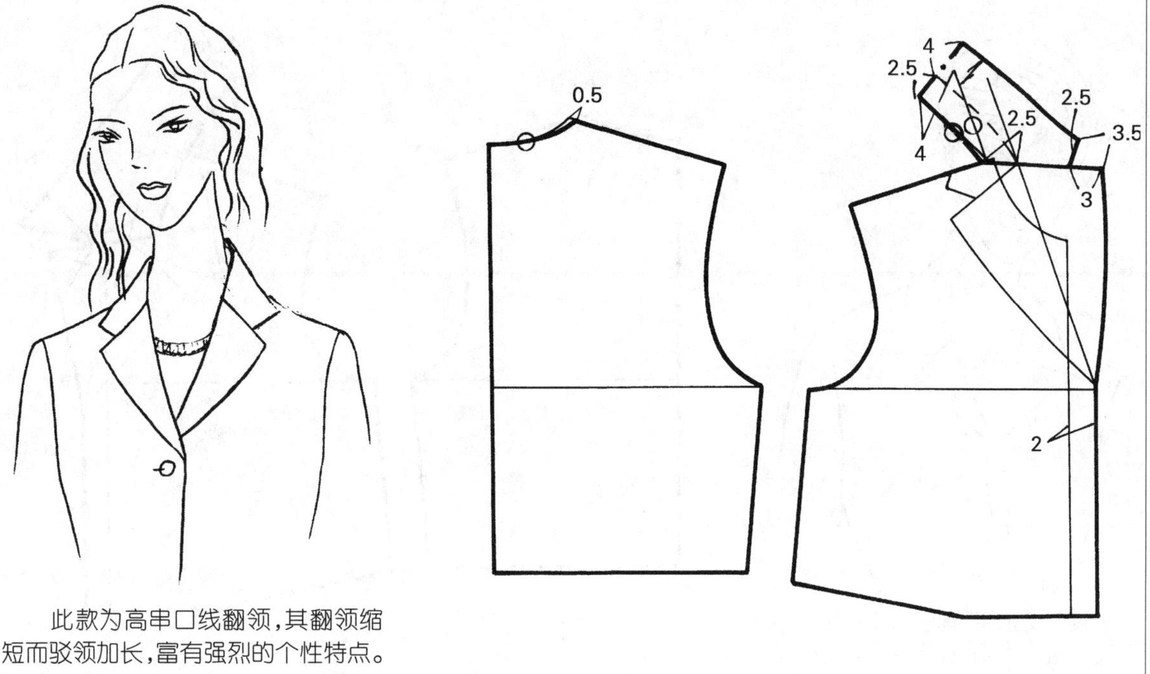

此款为高串口线翻领，其翻领缩短而驳领加长，富有强烈的个性特点。

图 5－1－12

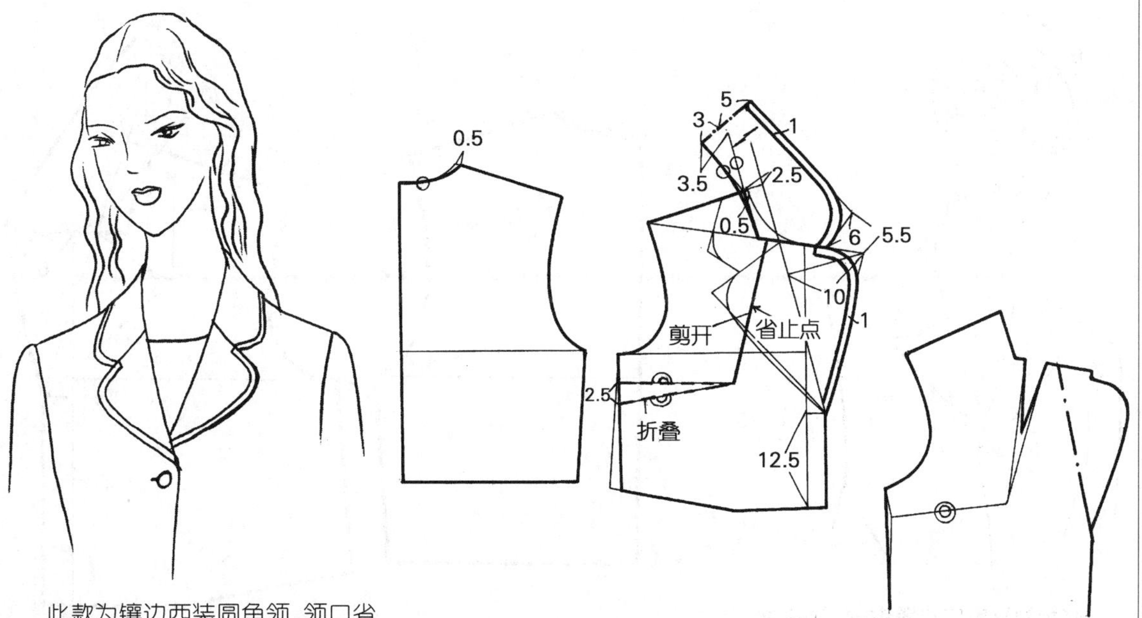

此款为镶边西装圆角领，领口省通过胸省折叠后而取得，省尖隐藏在翻领后，其女性味十足。

图 5－1－13

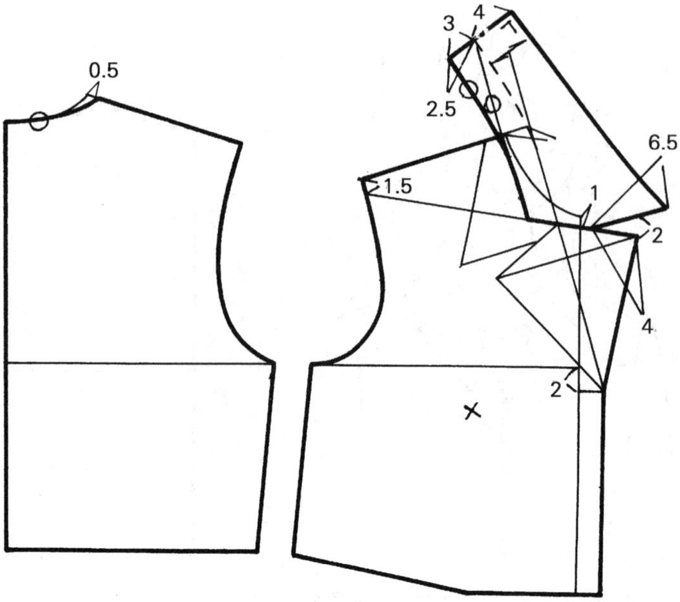

此款为便装翻驳领，其翻领领角大于驳领领角，具有休闲的感觉。

图 5－1－14

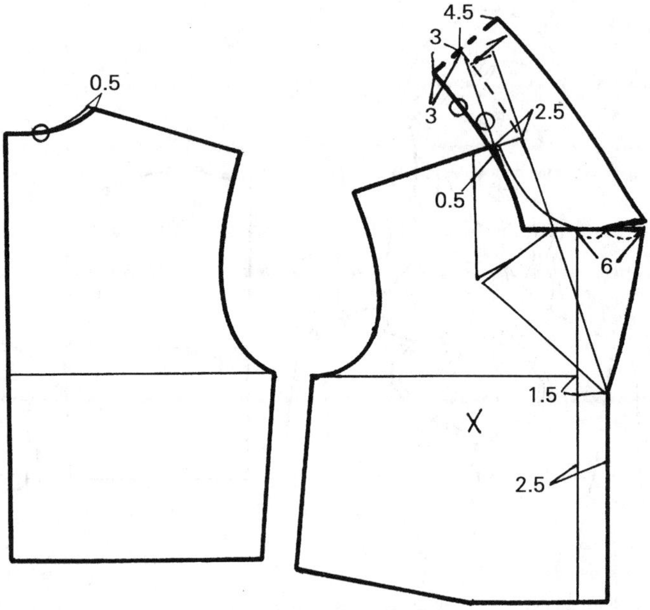

此款为平串口线蟹钳领，领嘴很小，适合于春秋外套。

图 5－1－15

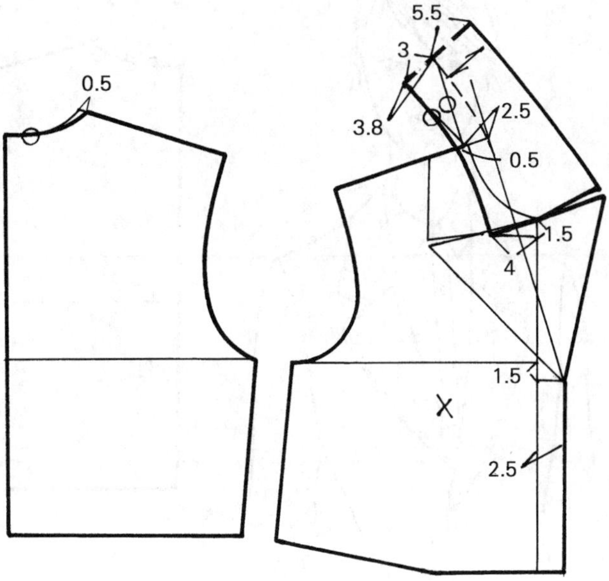

此款为串口线上翘的蟹钳领，领嘴几乎闭合，适合于春秋外套。

图 5－1－16

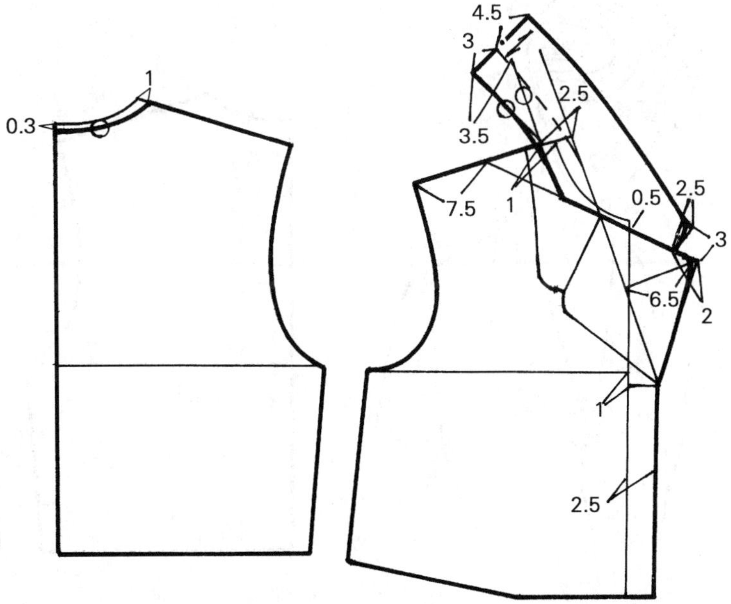

此款为斜串口线蟹钳领，适合于春秋外衣。

图 5－1－17

此款为串口线在驳领领角有变化的圆角西装领,若在翻领和驳领的边缘车上装饰线则具有运动感。

图 5－1－18

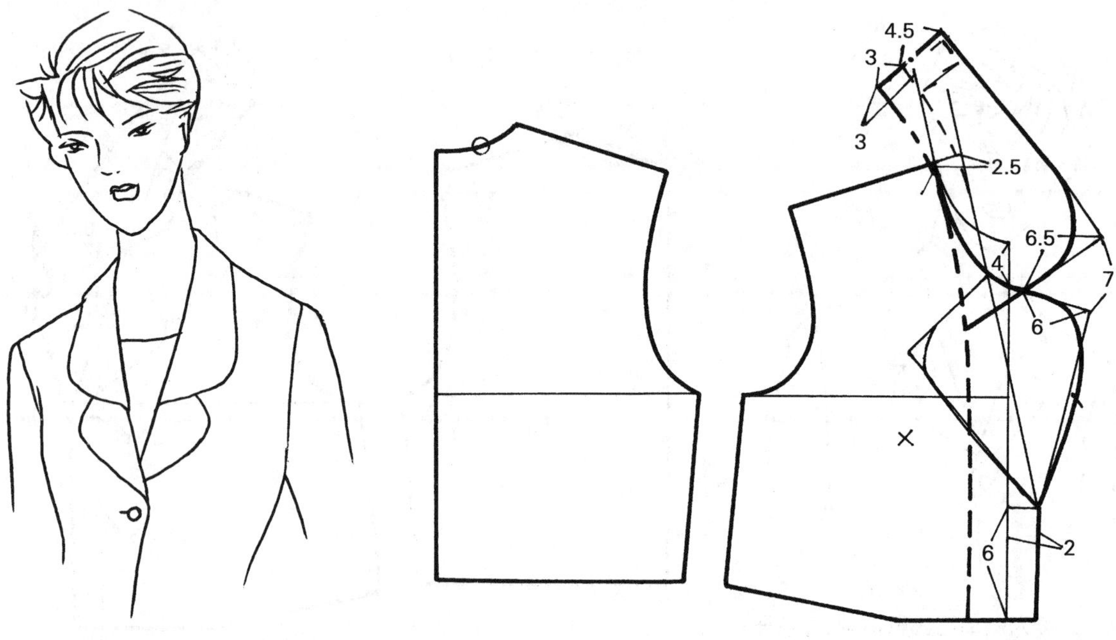

此款为叠驳领,是由翻领部分重叠在驳领上的一种造型,具有层次感。

图 5－1－19

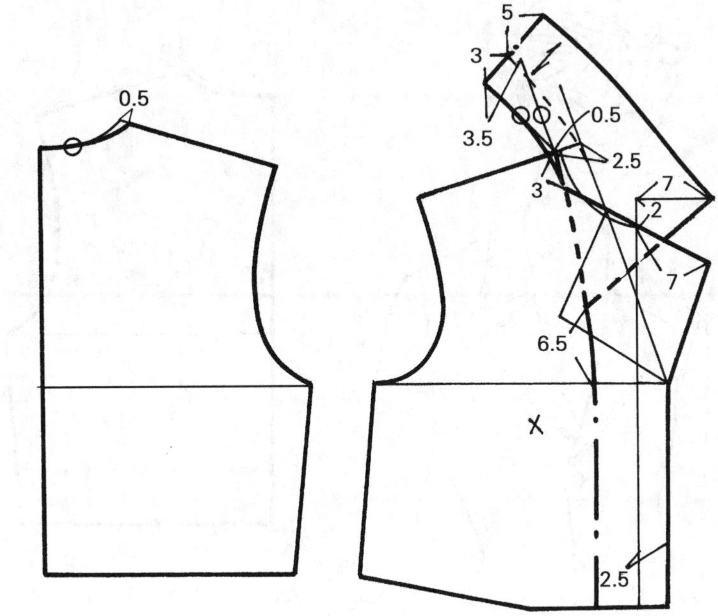

此款为双角叠驳领，领子翻好后需要盖住驳口线。

图 5－1－20

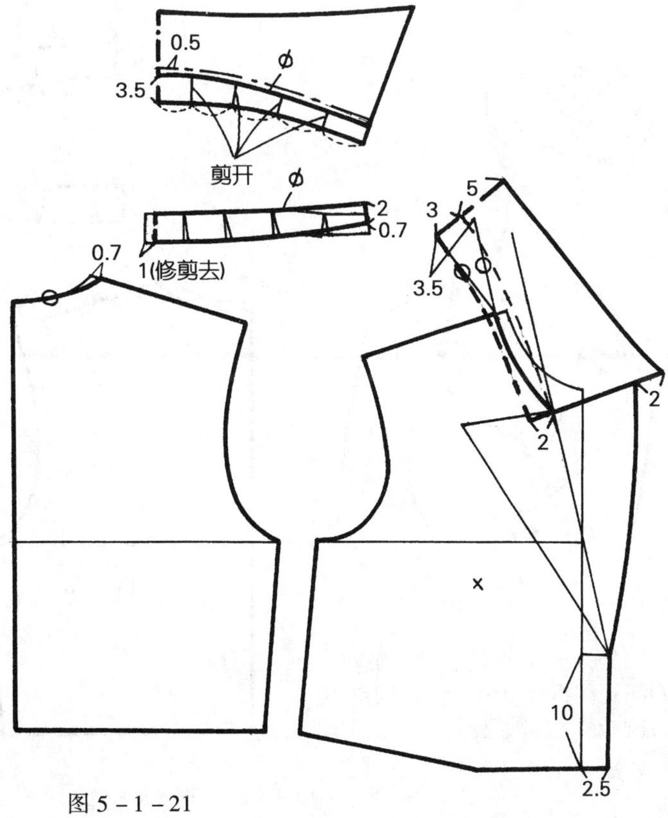

该领为分领座登驳领，领座的分割线距翻折线 0.5 cm，目的是不让分割线外露。分割后，翻领下线与领座上线距离相等。

图 5－1－21

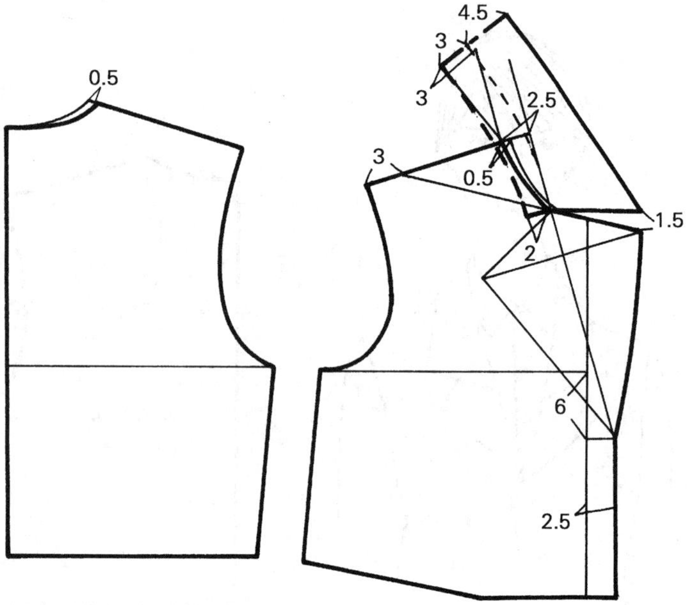

此款为连领座登驳领，适合于外套、大衣。

图 5－1－22

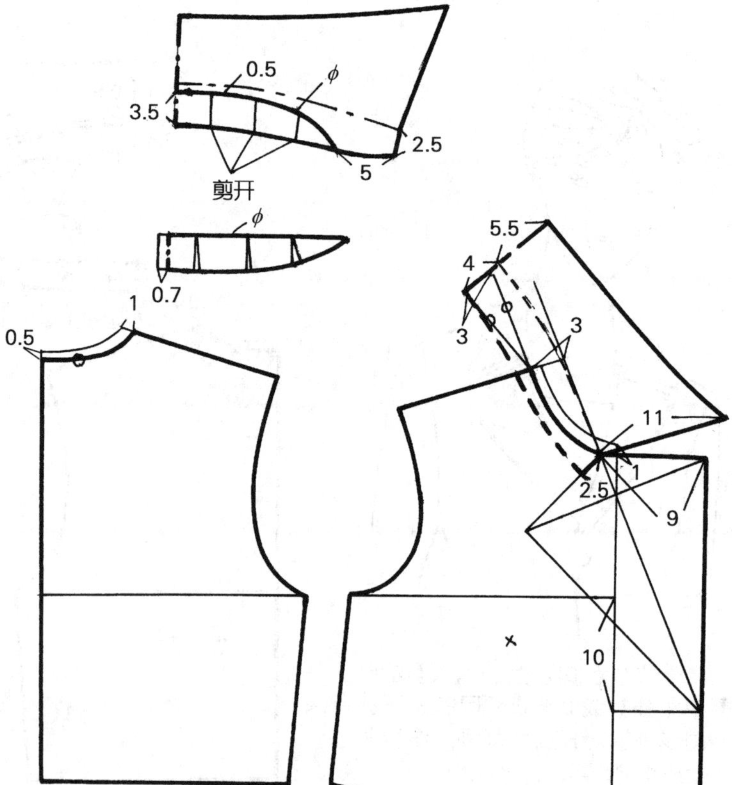

该领为分领座登驳领，领座的分割线距翻折线 0.5 cm，目的是不让分割线外露。领座剪开后上口呈平直状。

图 5－1－23

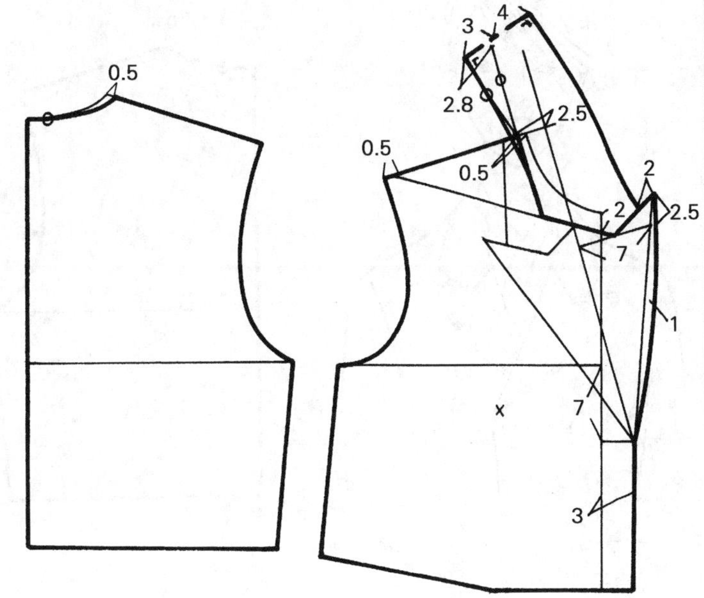

这是串口线闭合的枪驳领，翻领部位要有松量，以免在串口线缝合时出现翘曲或起吊现象。

图 5－1－24

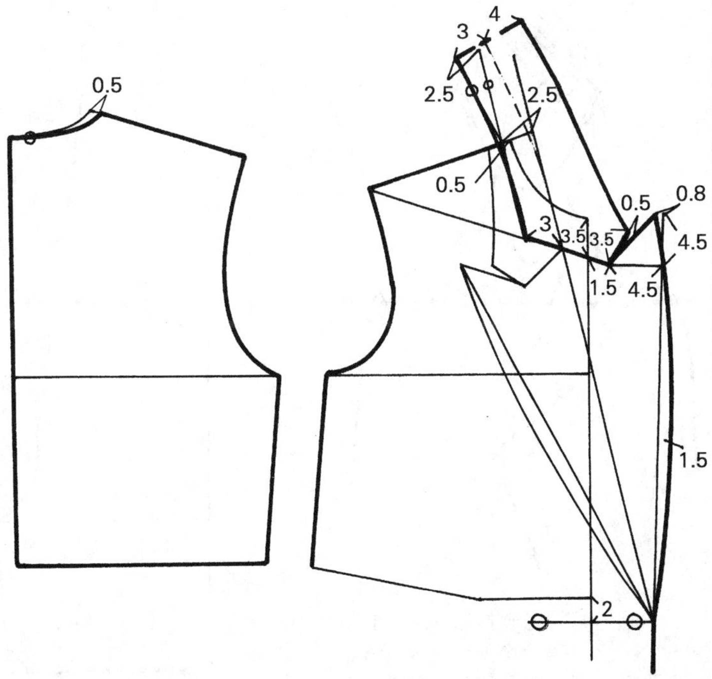

这是驳点开至腰节线以下的枪驳领，其翻领短而窄，驳领长而宽，领角呈尖状。缝制时要注意左右对称。

图 5－1－25

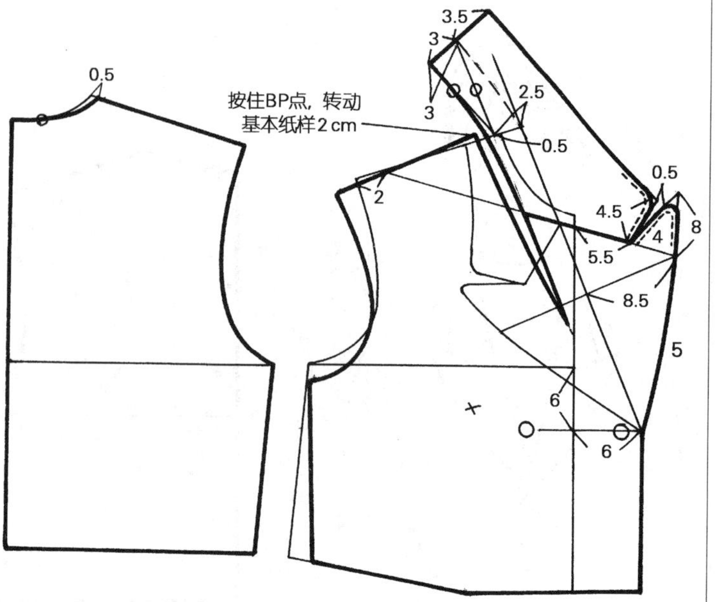

这是宽而短的枪驳领，领角稍圆。适合采用厚斜纹或较厚的毛料制作。

图 5－1－26

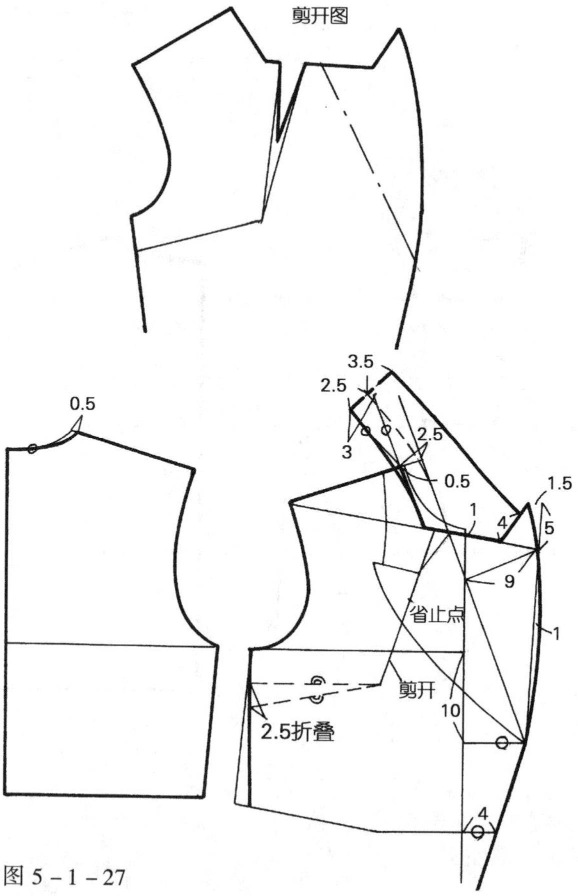

此款为偏门襟的枪驳领。由于在第一个扣位门襟重叠部分太多，因此需在里襟一侧用扣子固定。领省是通过折叠胸省而取得。

图 5－1－27

第二节　连挂面敞领及其变化

连挂面敞领是指领面与挂面相连的领型，如青果领、丝瓜领、燕子领等(见图 5－2－1)，其特点是翻领领面与驳领领面间没有接缝线，领子与挂面连为一体，领里则与衣片分开，有接缝线(见图 5－2－2)。领里与衣片的接缝形状比较灵活，只要在不影响外观造型的情况下，领里直开领的深与浅以及领口形状的方、圆、平、斜可以根据制作工艺而加以选择。

图 5－2－1　几种连挂面敞领

下面以青果领为例来介绍其制图方法及步骤、结构处理方法及丝缕的选择。

1. 制图方法与步骤

青果领的制图方法及步骤与西装领相似，见图 5－2－3。但因翻领领面与驳领领面间没有领嘴和接缝线，领子与挂面连为一体，故在制图时翻领的倒伏量可适当增大一些。领里与衣片间有接缝线，领里采用斜丝缕。

2. 结构处理方法

由于青果领的翻领领面与驳领领面之间没有接缝，翻领领面与挂面在肩颈点的重叠量需进行特殊的处理才能符合结构要求。通常有三种处理方法：

① 重叠量在挂面中去掉，其分割点 a 为两线交点，然后把去掉的部分用另布加以补偿。这种补偿结构只能在挂面中进行，因为补缺的接缝线要隐藏在挂面中，见图 5－2－4 中 A。

② 把重叠的量追加到挂面中，见图 5－2－4 中 B。

③ 把挂面的分割线设在重叠部分的切点上，使重叠部分在里布中得到补偿，见图 5－2－4 中 C。这种结构在缝制时需稍拔开肩颈点部位。

3. 领面丝缕方向的选择

① 领后中线连裁没有接缝，后中线丝缕采用经向。这时翻驳点以下的挂面必须断开，断开线以下挂面的丝缕方向与衣片相同。断开线的位置最好是在驳点以下 3～5 cm，同时要避开扣眼位置。

② 领后中线断开有接缝，驳点以下的挂面不断开，领后中线丝缕为经向。此方法较适合于短装。

具体方法可参见图 5－2－5 至图 5－2－12。

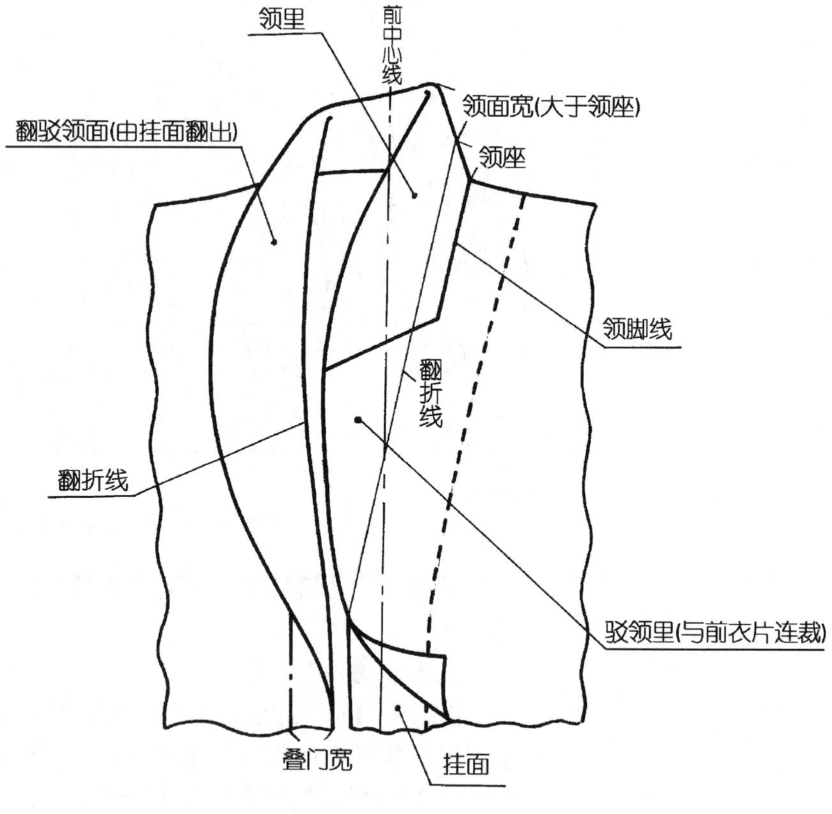

图 5－2－2

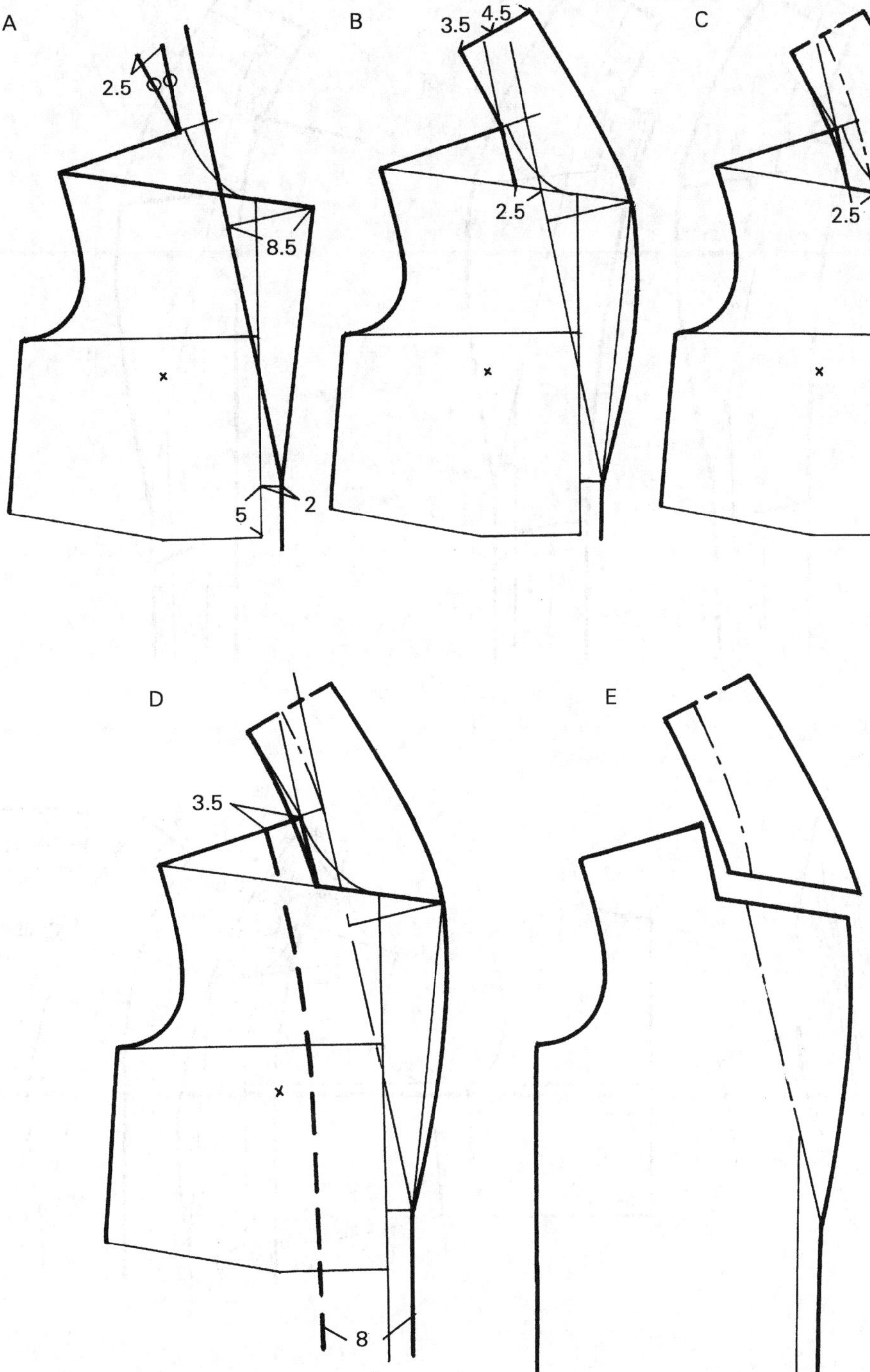

图 5－2－3

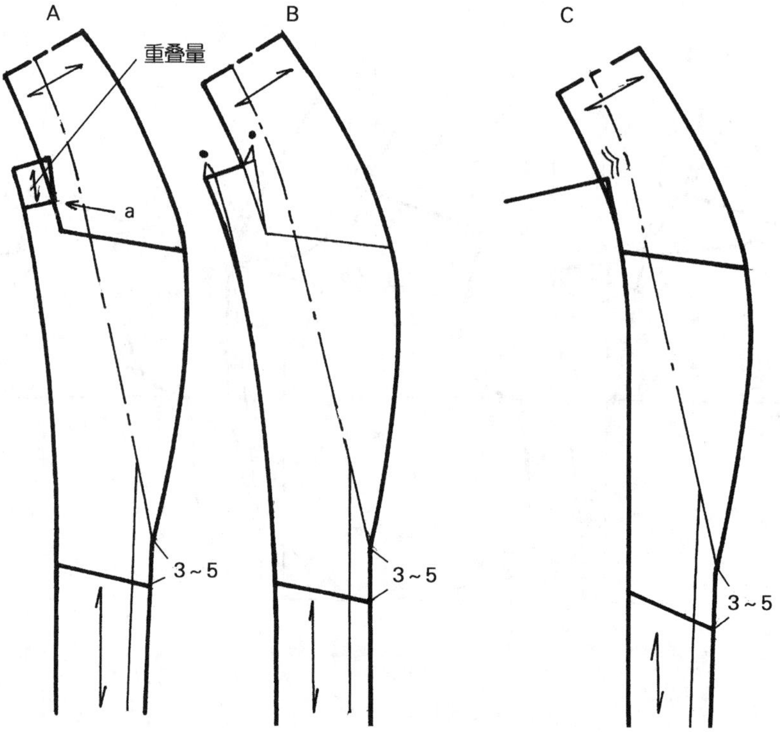

图 5－2－4

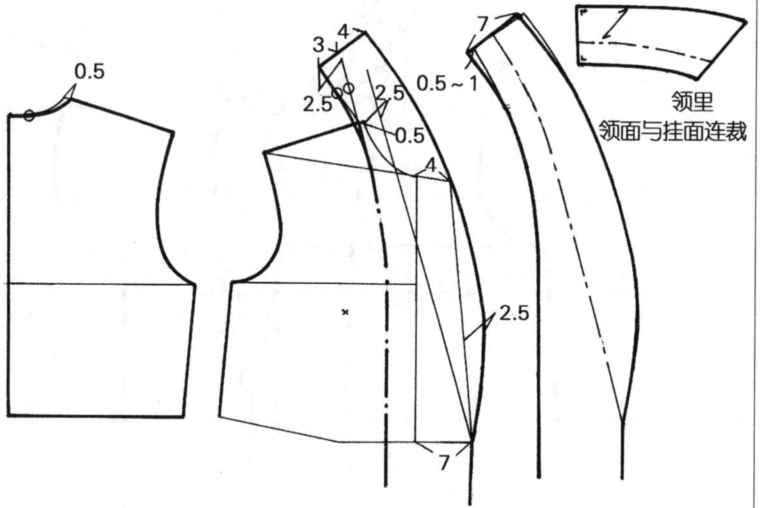

此款为低驳点的长领型。为避免领子翻开后不平服的情况，可将领面倾斜0.5～1 cm（视面料厚薄而定），以适应领面、领里的内外层次厚度的需要，达到领子平整、服帖的要求。

图 5－2－5

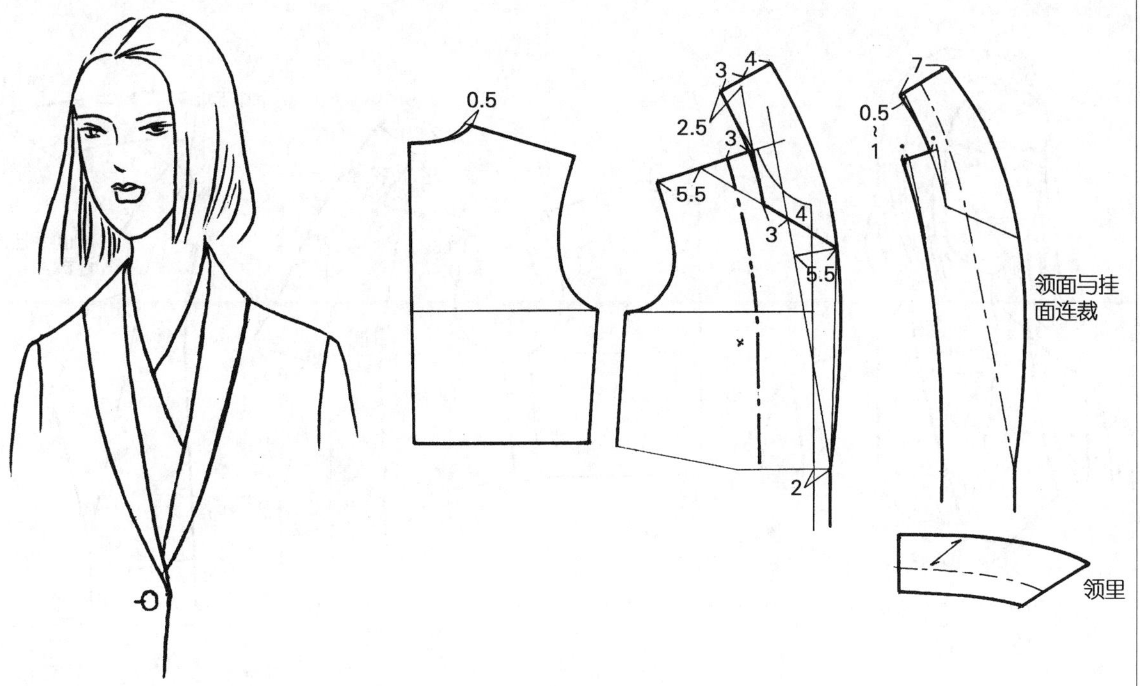

此款为丝瓜领，领面较窄，适合于春秋装。

图 5－2－6

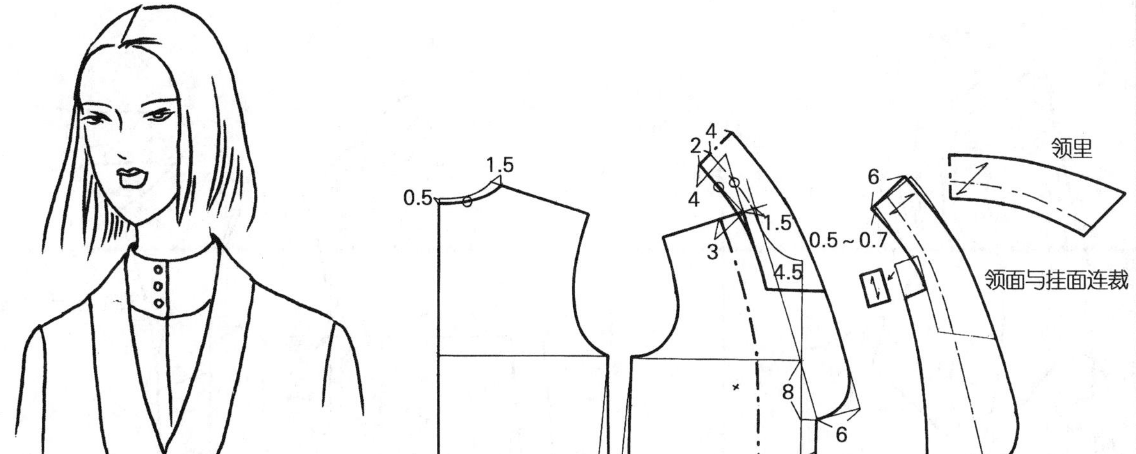

此款为青果领的变化形式，领角圆浑，显得活泼。

图 5－2－7

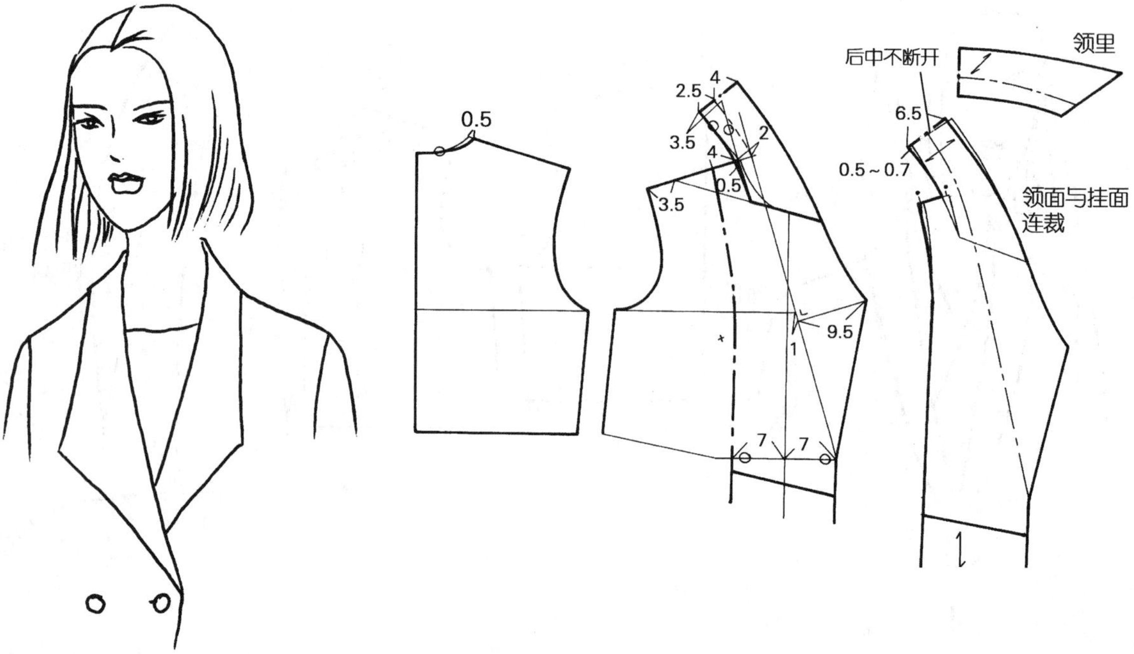

此款为刀形领，领面较宽，适合于春秋装。

图 5－2－8

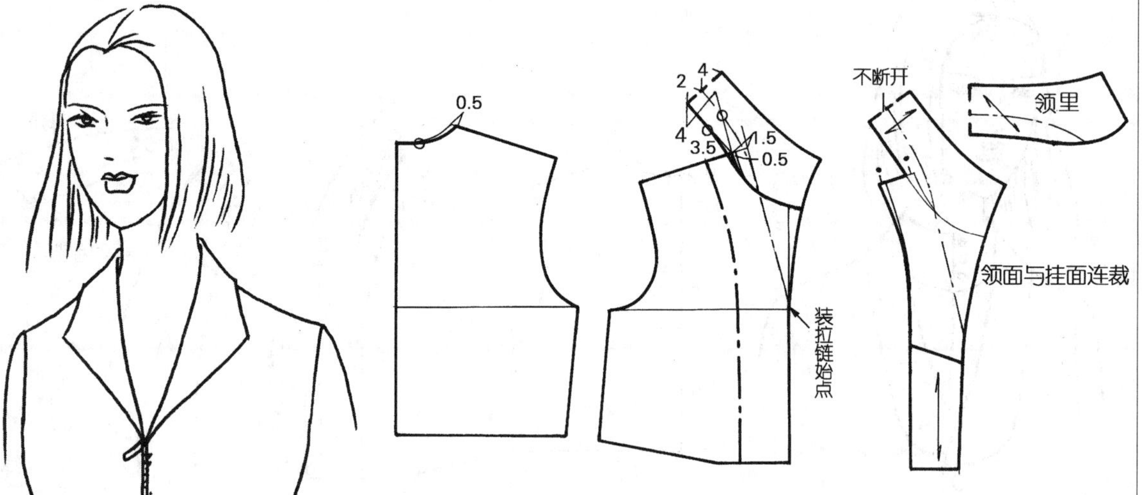

此款也是领面与领座连裁的领型，具有休闲、运动的感觉，因此较适合于运动型的休闲服装。

图 5－2－9

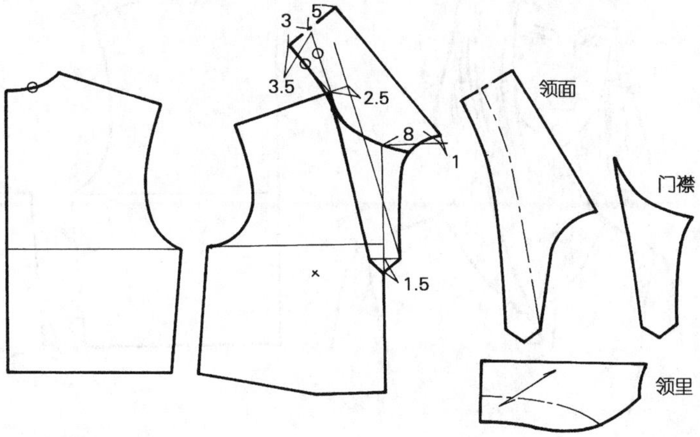

此款为燕尾式套头衫领型，具有青春气息。

图 5－2－10

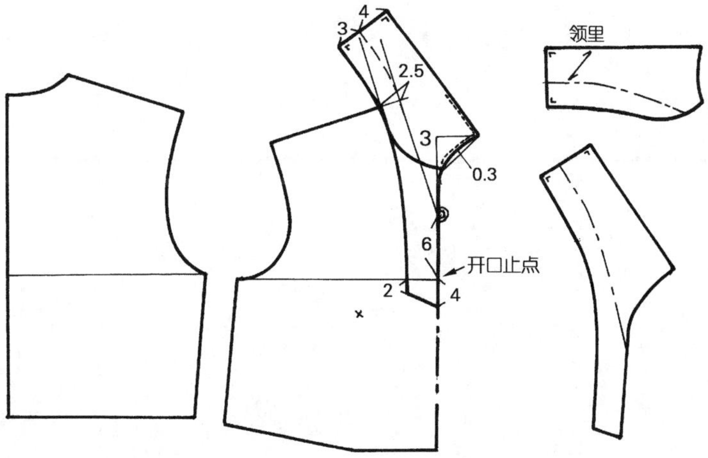

此款为无叠门燕尾式套头衫，缝制时须车装饰明线，以防开口处面料脱散。

图 5－2－11

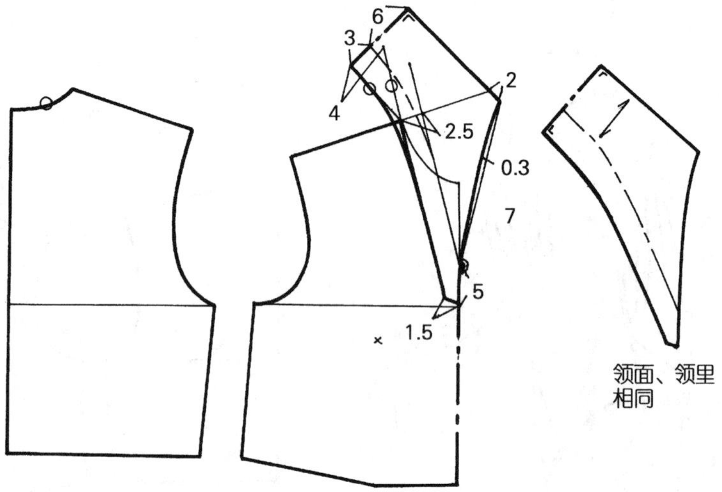

此款为海军领套头衫领子的变化形式，领面、领里均连挂面裁剪，适合于夏装。

图 5－2－12

第三节　立驳领及其变化

立驳领是指立领与驳领相结合的一种领型。它兼顾了立领的简洁和驳领的洒脱，既可敞开穿着又可关闭穿着，因此，特别受到中老年人的喜爱。

立驳领的造型比较丰富。从其结构上来分析，它有别于翻驳领，因为它没有翻领部分，故不涉及到领子的倒伏量问题；但它又不同于立领，因为立领的前领口为关闭形式。从驳领与立领的结合上来看，可分为有串口线和无串口线两种形式。无串口线是指装领结构，有串口线是指立领与挂面连裁的结构。

制图要点：翻折线要在肩颈处消失。

具体方法见图 5－3－2 至图 5－3－13。

图 5－3－1

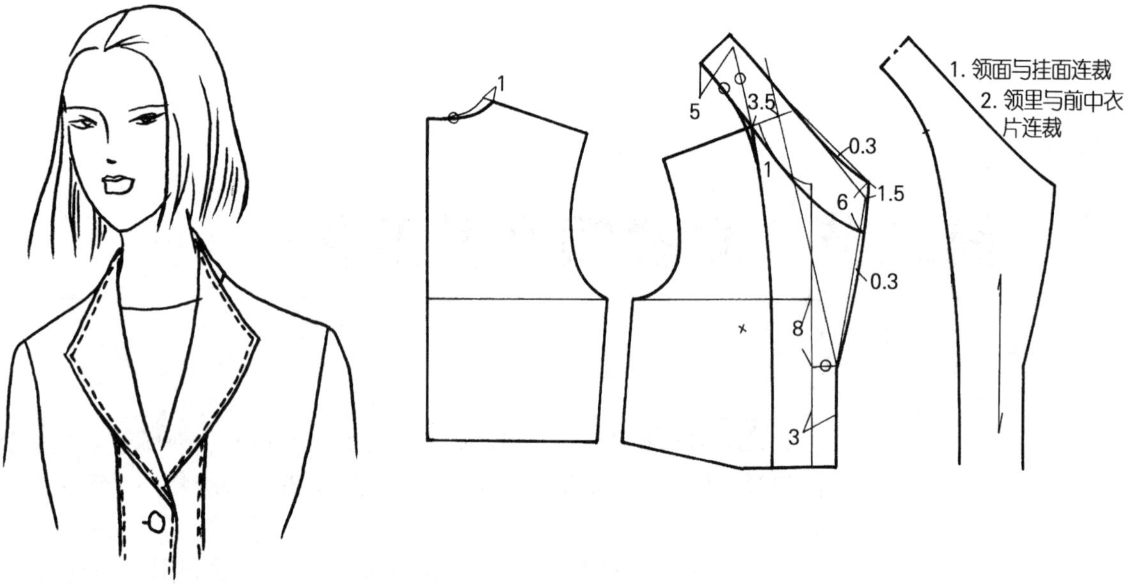

这是衣片与领里连裁的立驳领，领里不再单独裁剪，缝制较为简单。

图 5－3－2

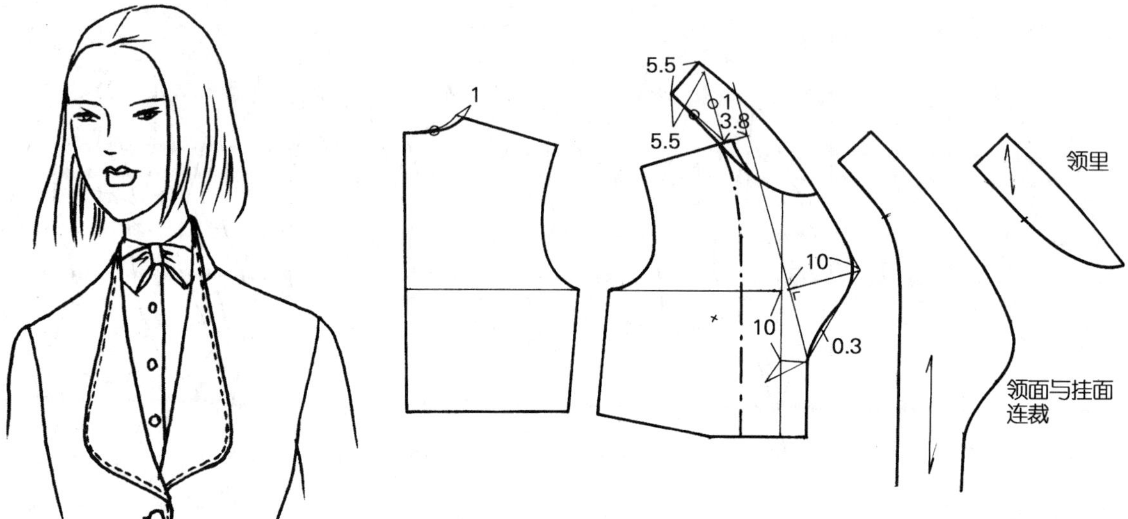

这是圆弧状领角的立驳领，领里单独裁剪，面料采用斜丝效果较好。此款适合于春秋外套。

图 5－3－3

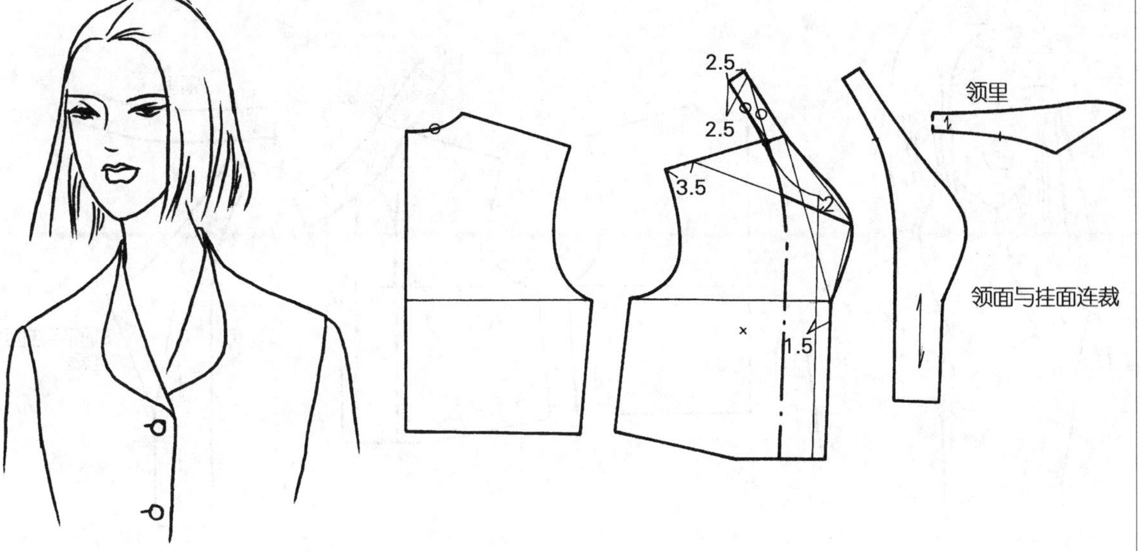

这是圆角立驳领，立领部分较低，适用于衬衫。

图 5－3－4

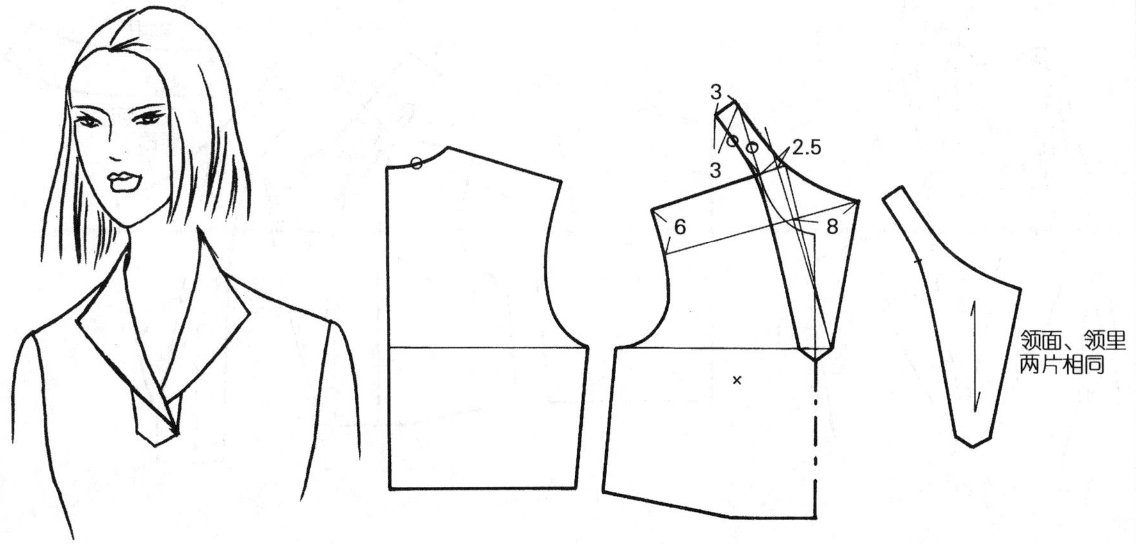

这是套头式立驳领，领面、领里制图相同，适用于夏装。

图 5－3－5

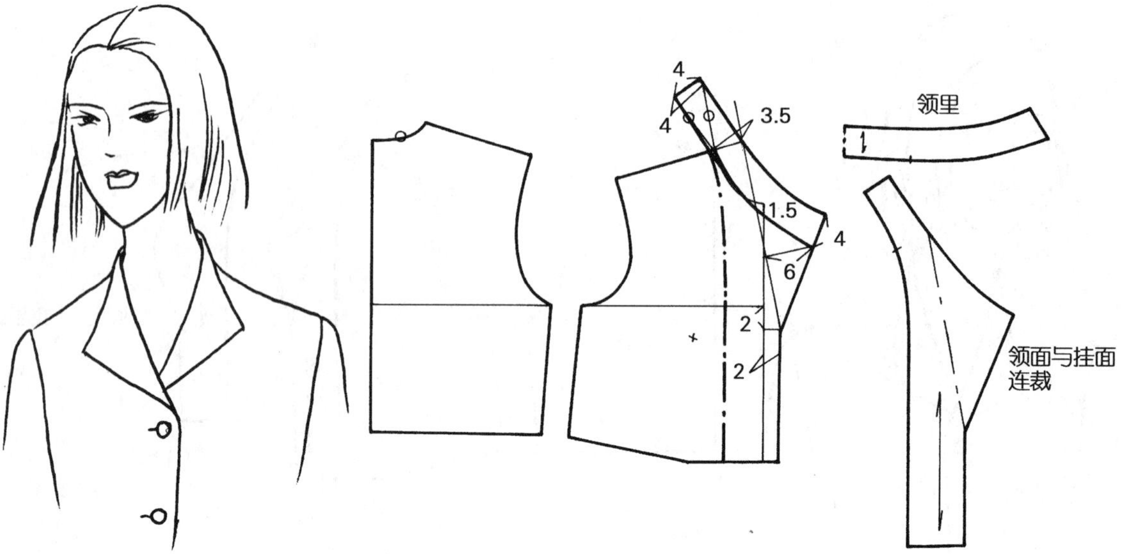

此款为三角状立驳领，其领里与立领相同，领面与挂面连裁，适用于春夏装。

图 5－3－6

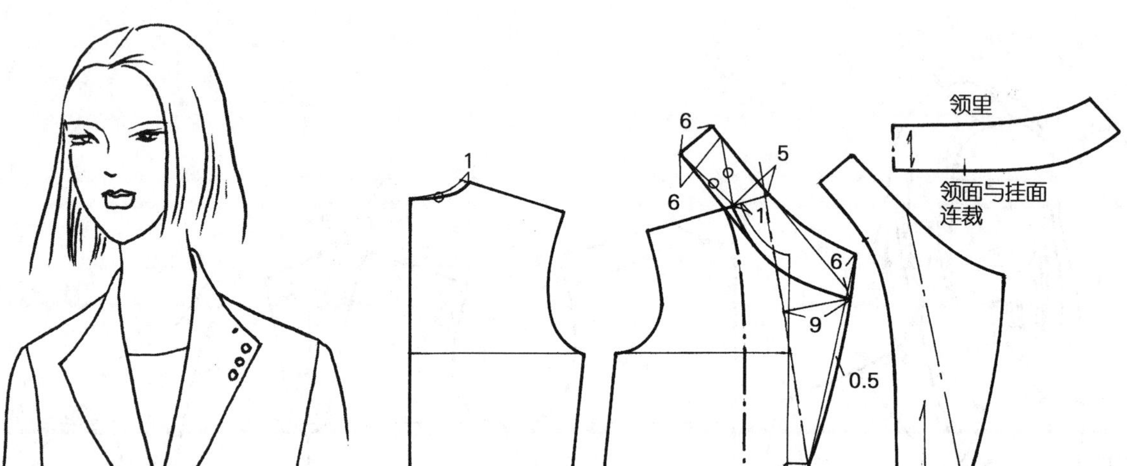

此款为高领座立驳领，领里与立领相同，领面与挂面连裁，适用于秋冬装。

图 5－3－7

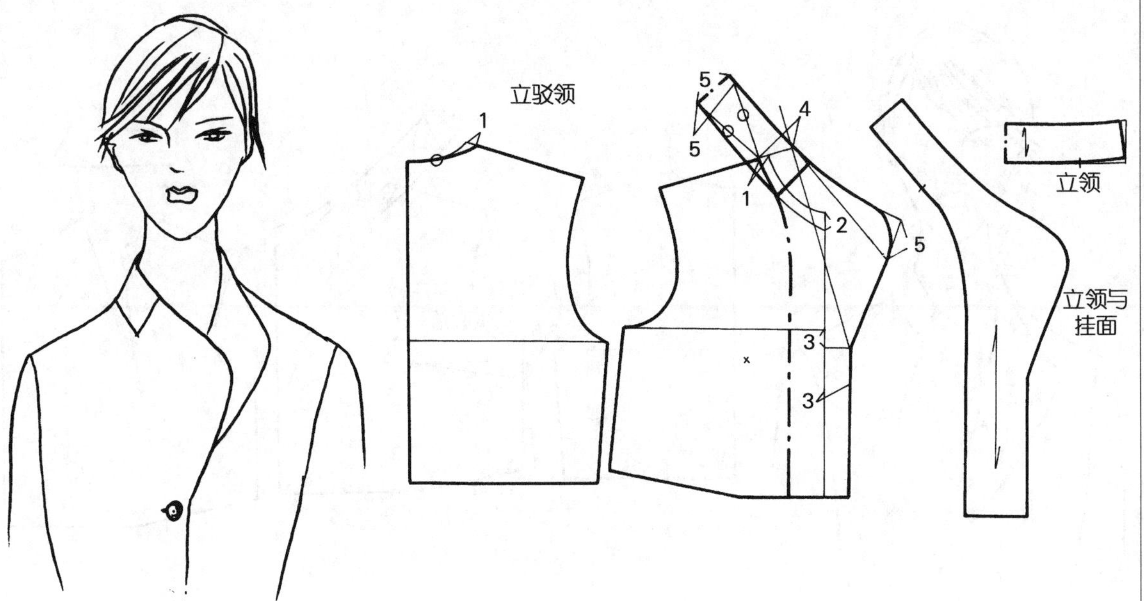

此款是有分割的立驳领，领子与挂面组成驳领表面，驳领里侧由衣片连裁而出，与立领缝合，富有变化。

图 5－3－8

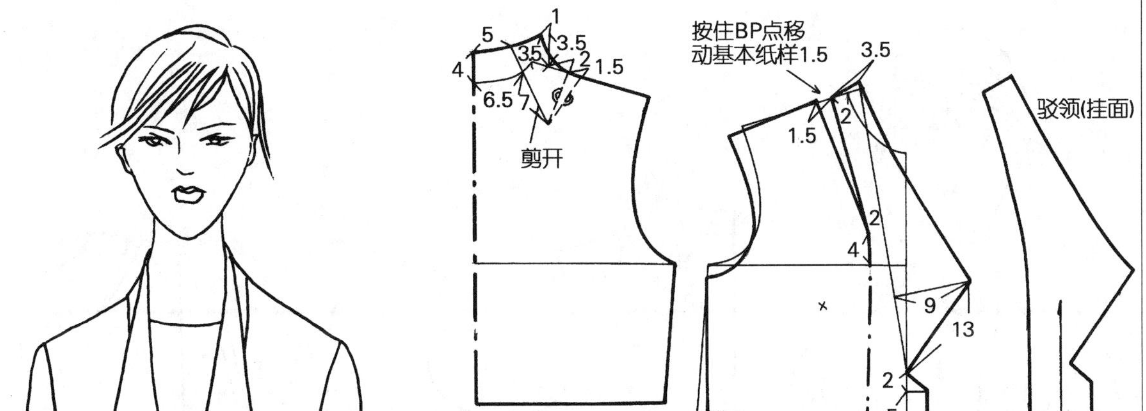

该立驳领结构较为复杂，后领是连衣立领，前片连裁出驳领，领省由胸省转移而得。

图 5－3－9

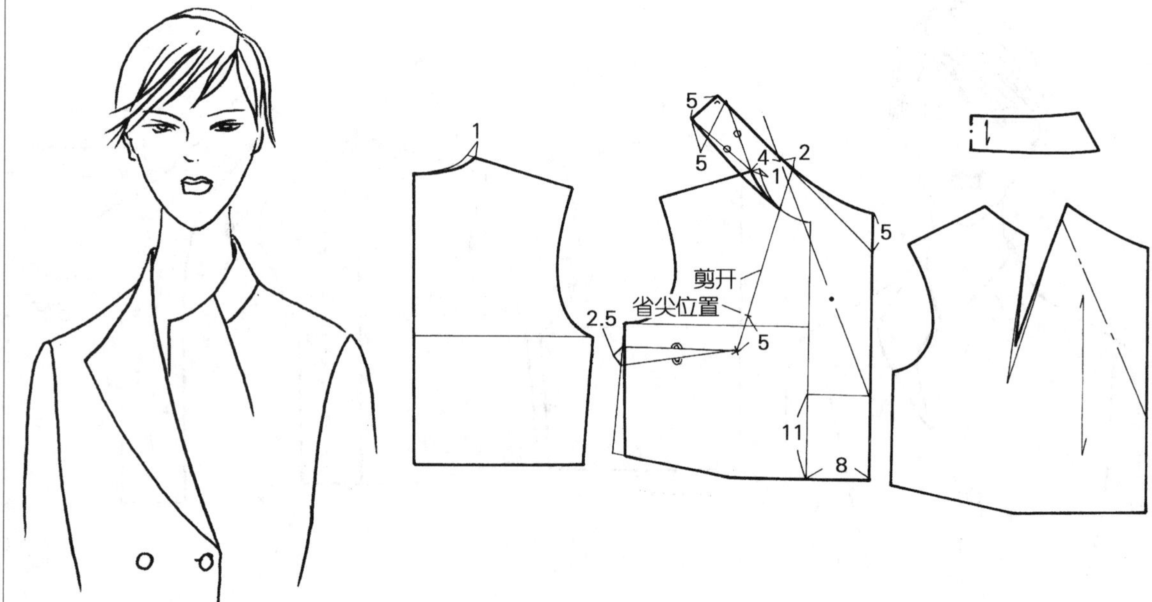

此款为领口收省且领省线延长而分割出后领的领型，它能使领口部位显得较为合体。

图 5－3－10

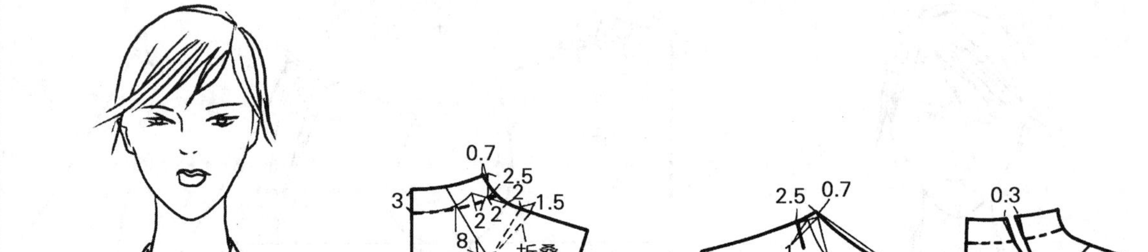

此款后领为连衣立领，前片驳领与衣身连裁的组合式立驳领，适用于春秋装。

图 5－3－11

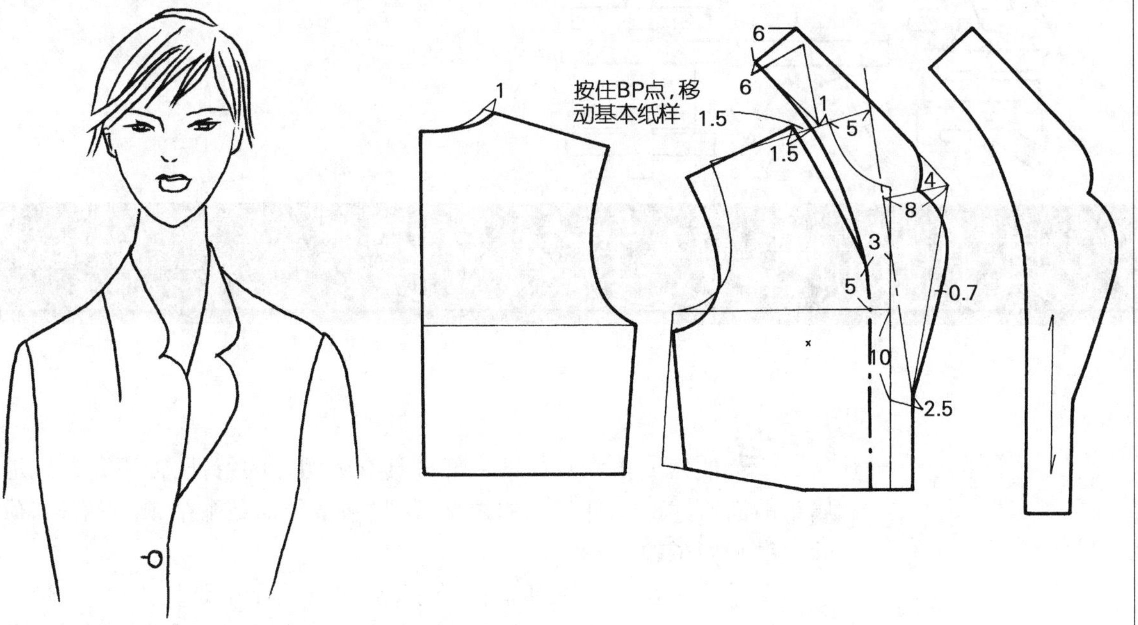

此款为葫芦状立驳领，肩颈点省道通过移动基本纸样而得到。

图 5－3－12

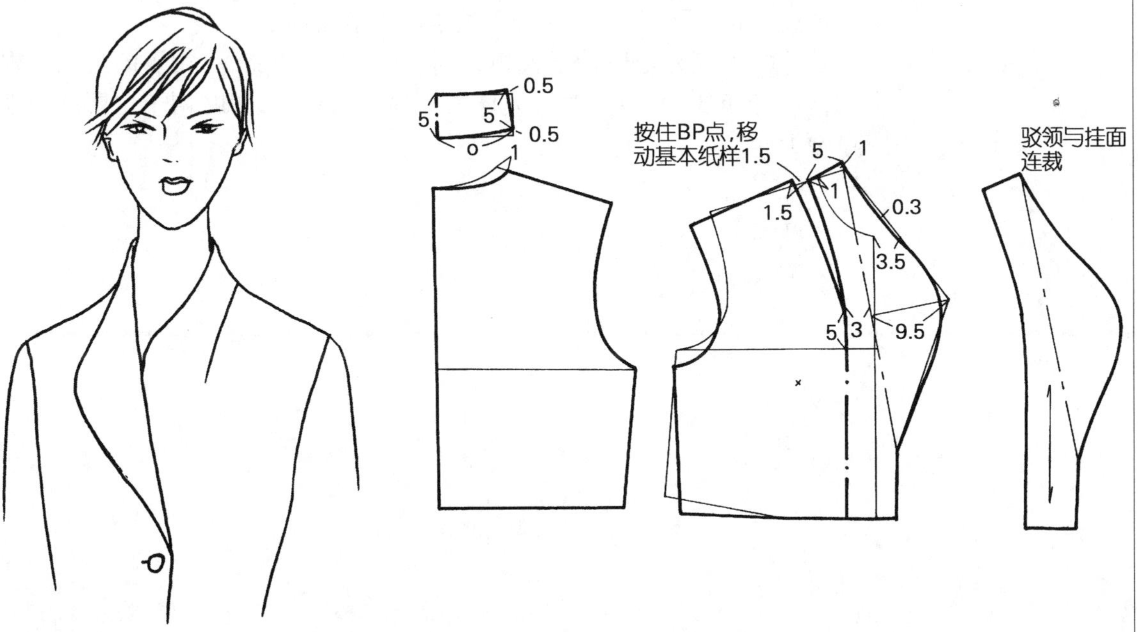

此款的后立领单独裁剪，前驳领与挂面连裁，肩颈点省道通过移动基本纸样而取得。

图 5－3－13

第六章

其他领型及其变化

其他领型指本身或某一部分具有较明显的特征，而不是单纯地属于前面所述的几种类别的领型。这些领型分别是系结领、皱褶领、荷叶边领和帽子领。

系结领突出了系结所需的带子，故要从领子中延伸出带子。带子根据设计需要可长可短、可宽可窄，形状随喜好而定，系结的形式也可根据不同的要求而系成蝴蝶结形式或围巾式。

皱褶领则要突出皱褶的立体效果。制作纸样时要先将基础形画出，然后对皱褶的部位进行剪开而加以修正。

荷叶边领也可叫作波浪领，它的特点是通过加大领外口线使其呈现波浪状，同时领底线弯曲程度也大大地增加了。

帽子领是指以帽子代领，其装饰性大于功能性。帽子的造型可根据设计而变化，但要符合人体的头部结构尺寸，同时帽子也要适当地宽大些。

第一节　系结领及其变化

系结领是在领子前端引出两条带子而系结出各种不同形状的领子。带子的长短、宽窄和形状以及系结方式的不同，都可形成不同的领型，如蝴蝶结领、围巾领、飘带领等。这类领子宜选用丝绸、乔其纱、双绉等悬垂性好的织物来制作。

图 6－1－1　几种不同的系结领

制图要点：系结领是由两部分组成的。

① 领子部分：直接与衣片的领围线连接，装领止点要考虑打结的厚度，故要偏离前领围中心 3～4 cm。

② 带子部分：由领子直接延伸出来，用于系结。其长度、形状可根据设计而有多种变化，如方形、圆角形、尖角形等。

具体方法见图 6－1－2 至图 6－1－17。

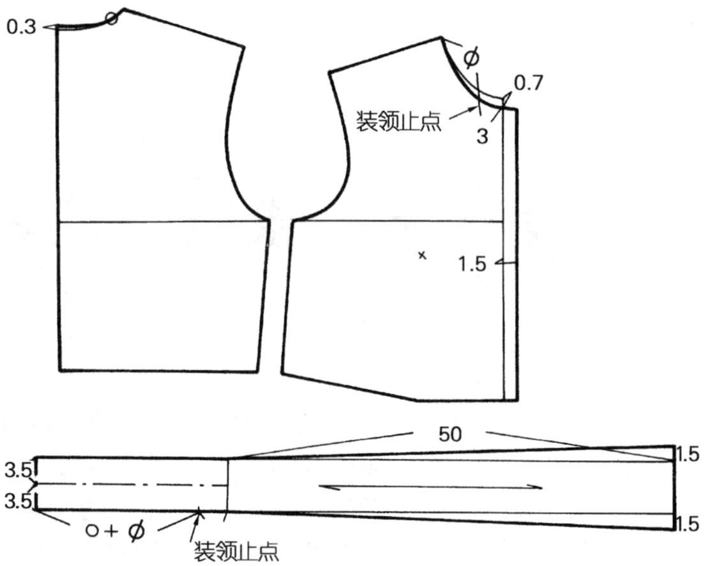

蝴蝶结领给人以可爱、华丽的感觉。带子的长度是根据系结后的效果而定的，带子前部放宽是为了增加华丽感。

图 6－1－2

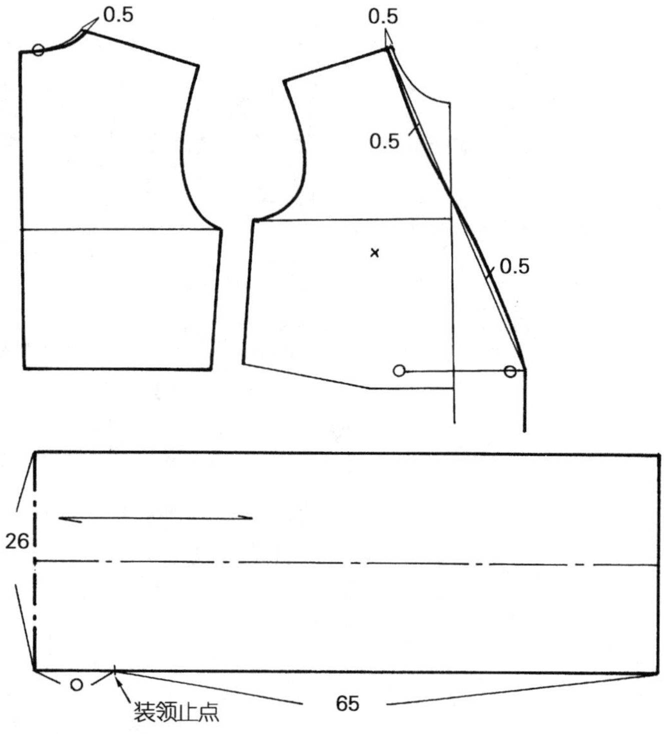

此系结领的特点是看起来像围巾一样宽大，宜选用薄而有垂性的面料。

图 6－1－3

此款蝴蝶结的位置稍偏下方，具有稳重感，选用丝绸、乔其纱等较柔软的面料为宜。

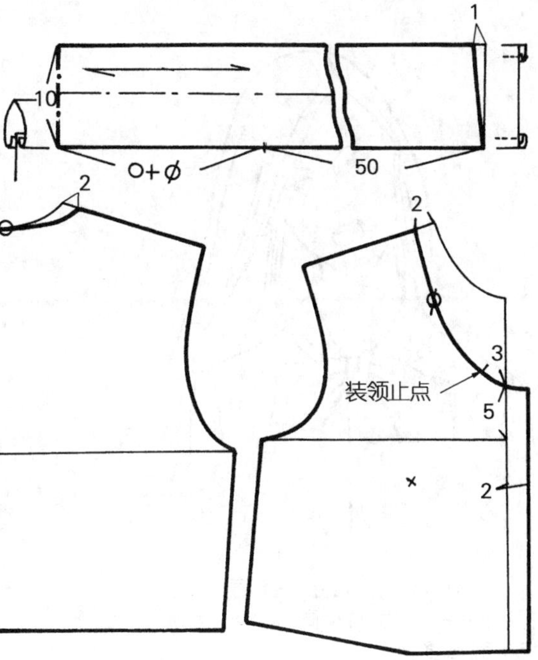

图 6－1－4

此款蝴蝶结领给人以神采奕奕的感觉，根据面料的花样可纵向或横向裁剪。

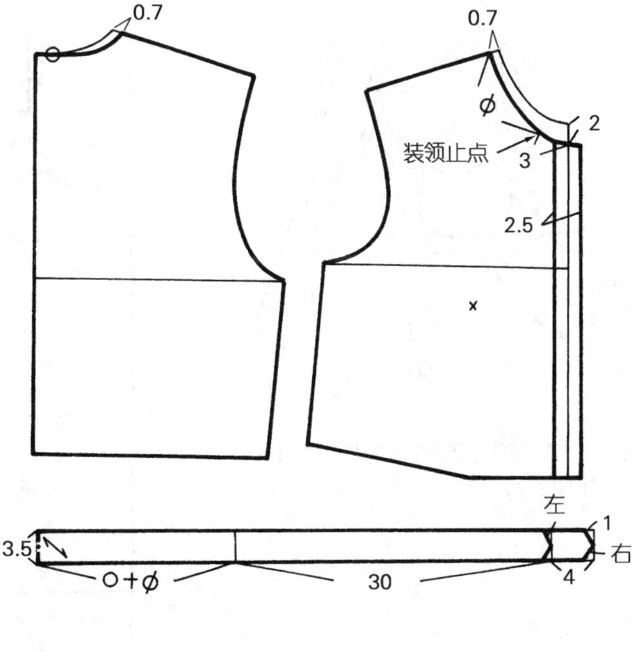

图 6－1－5

此款领带左右的长度有差异，但打结后会感觉长短相同。适合采用挺括的面料缝制。

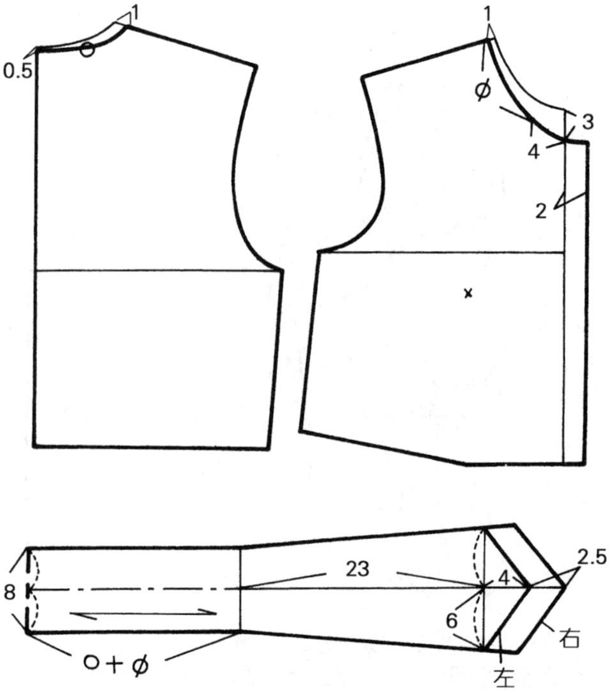

图 6－1－6

此款的领结似乎很随意，适用于休闲的服装。

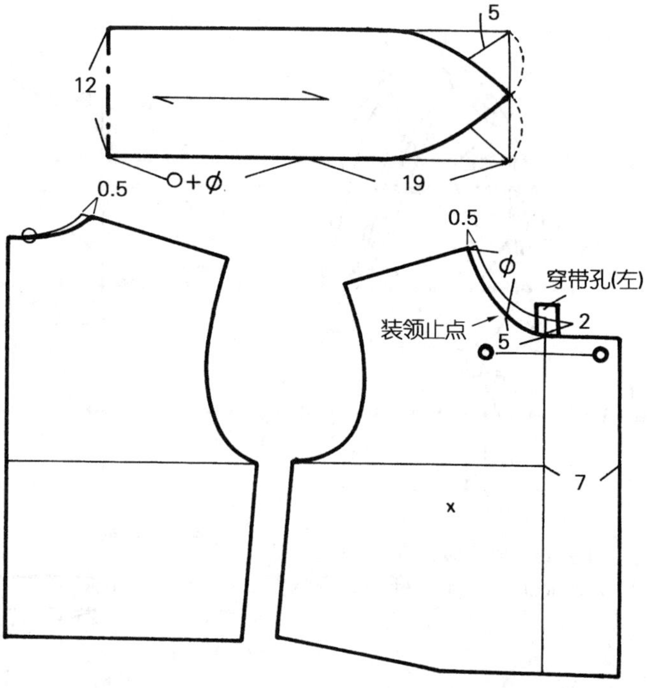

图 6－1－7

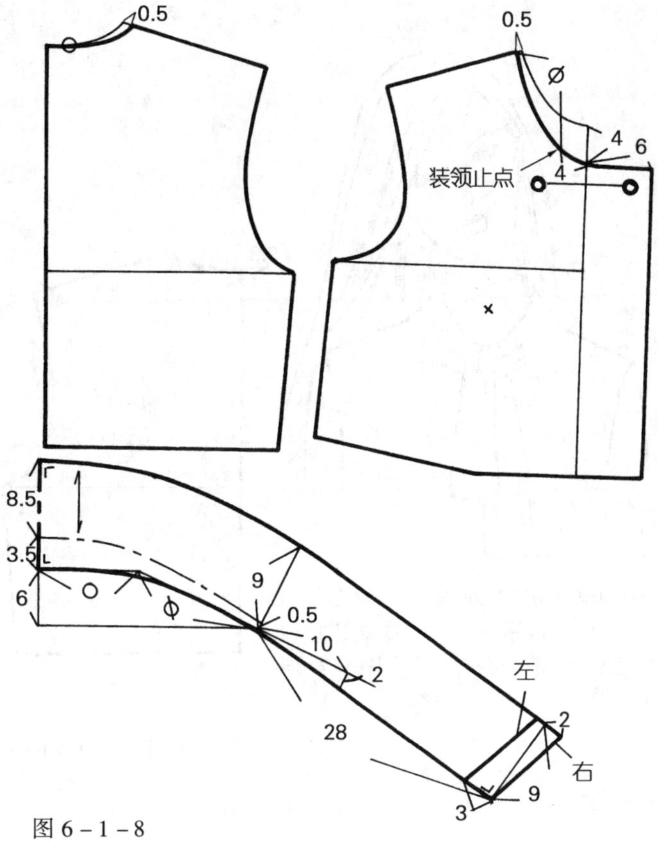

此款像似平袒领的领尖加以打结，适用于春夏时装。

图 6－1－8

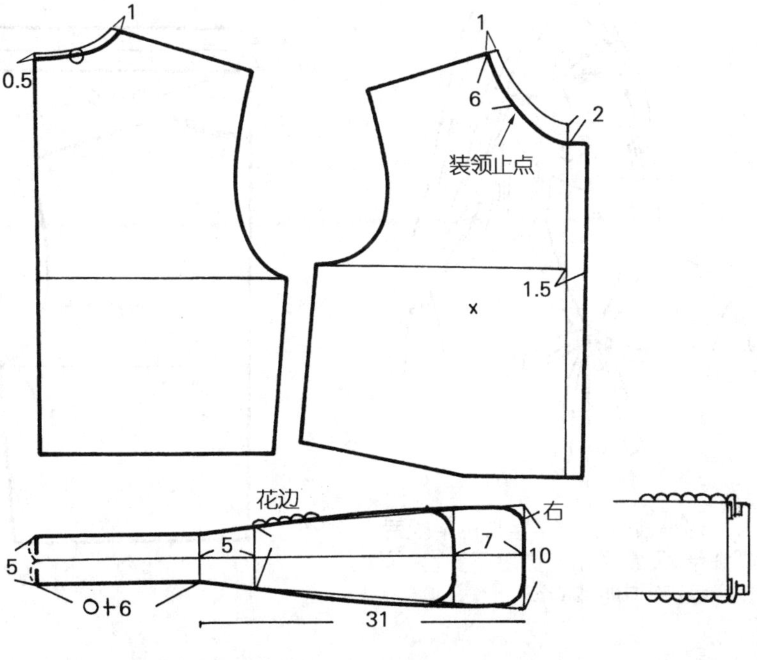

此款的领结部分宽于立领部分。适合于春秋时装。

图 6－1－9

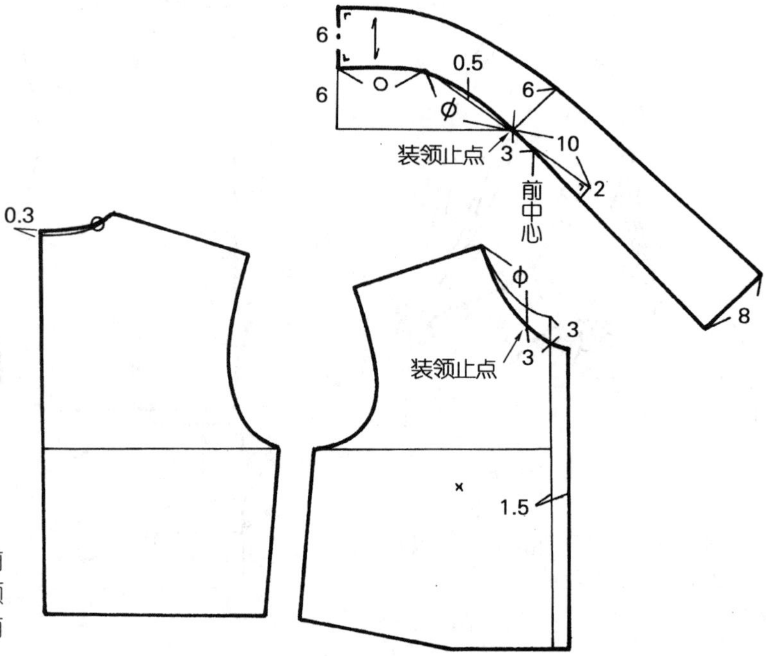

此款为围巾领，像领带那样在前面打结下垂。带子制图时像蝴蝶结领呈直线形。领子自然形成的弧线具有温柔感。

图 6－1－10

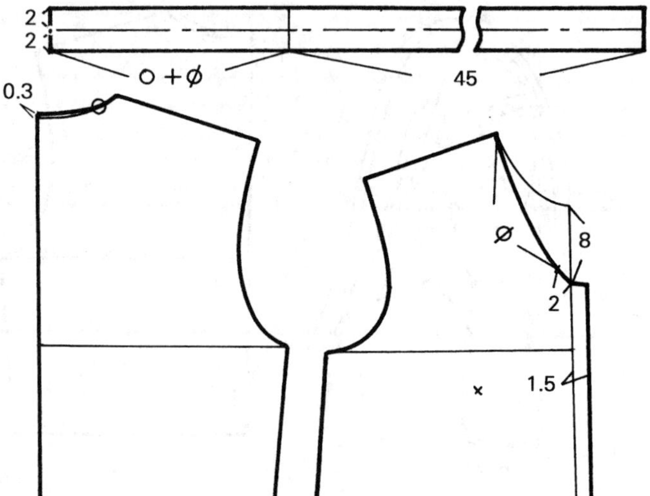

这是领口线呈 V 字形的窄飘带蝴蝶结领。整条带长宽度不变，装领止点距前领中心 2 cm。

图 6－1－11

此款为前门襟往上延伸再翻折下而形成穿带子的孔，带子从孔中穿出后自然形成褶裥，十分别致。

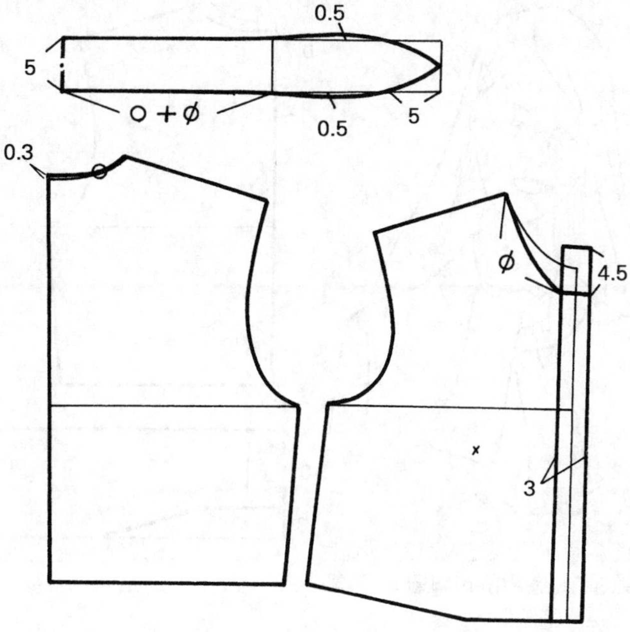

图 6－1－12

此款的领带与低 V 字形领线缝合，可体现出打结或用胸针固定等的变化无穷。

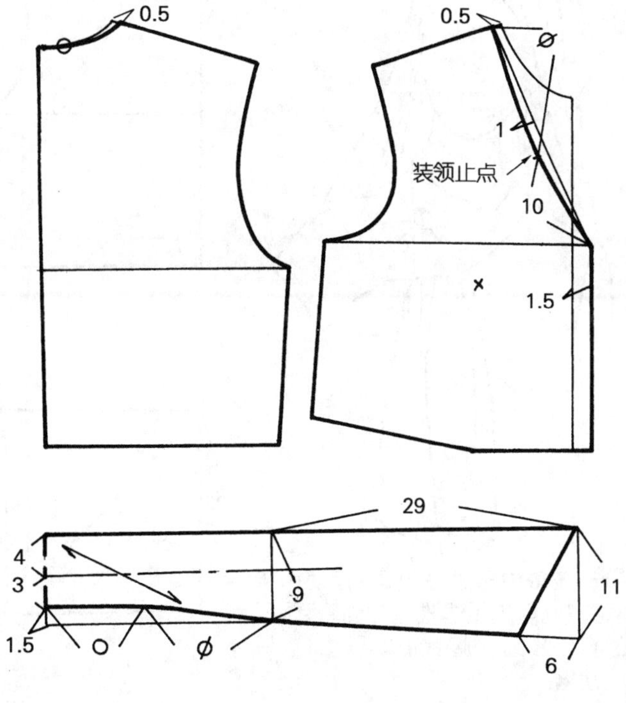

图 6－1－13

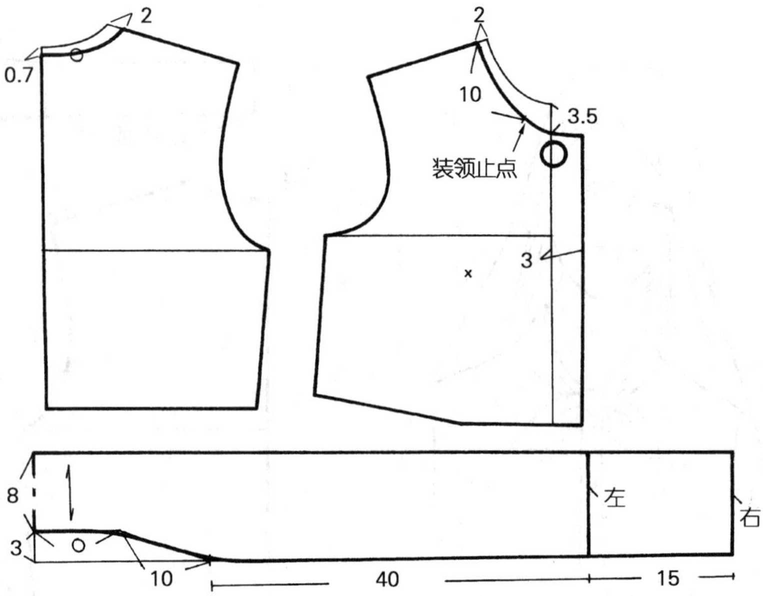

此款看起来似在大衣的领围上加一条围巾。选用的布料愈厚，装领止点的距离就愈要大些。

图 6－1－14

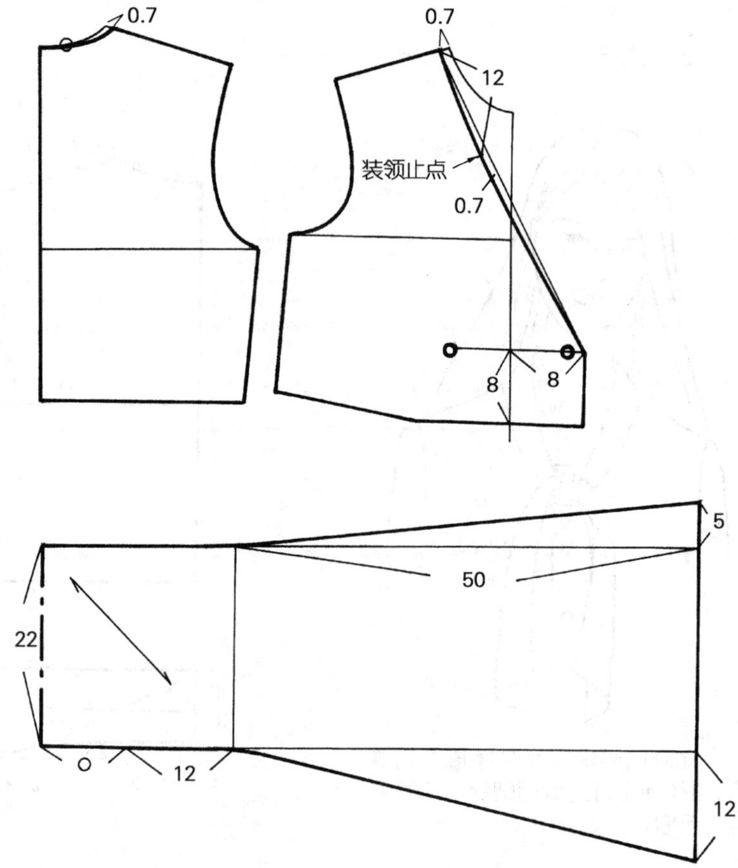

该款由于领子较宽，宜使用单层缝制。可选用垂性好的面料，领子的打结部分以胸针加以取代，极具个性化。

图 6－1－15

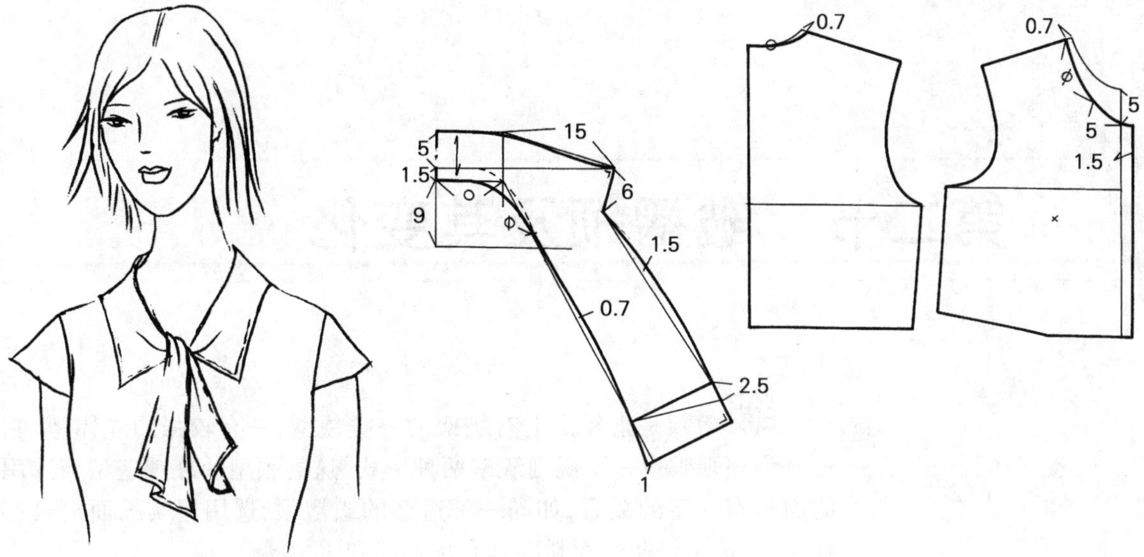

此款为衬衫领和系结领的组合，可选用纯棉或化纤织物来制作。

图 6－1－16

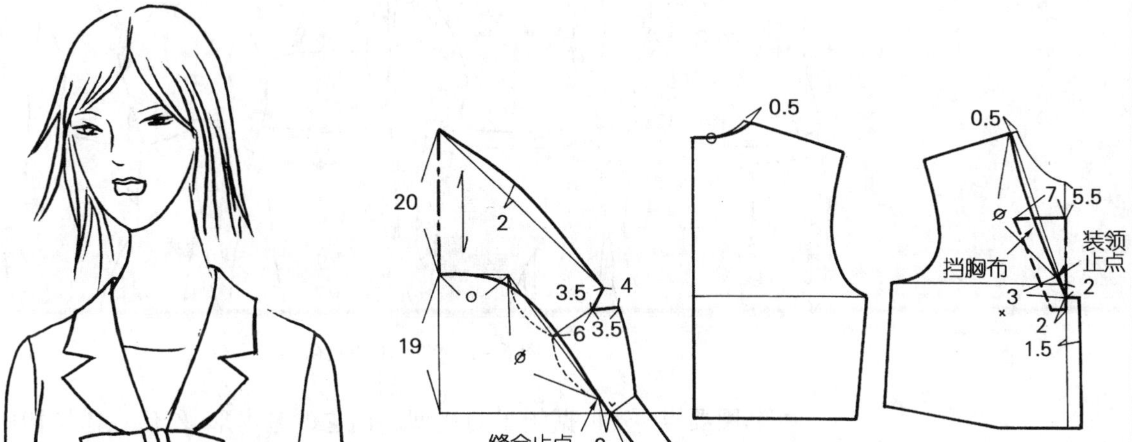

此款为西装领式的蝴蝶结领。其后片很具有特色。蝴蝶结部分可采用缎带。

图 6－1－17

第二节　皱褶领及其变化

皱褶领是指领子上有皱褶的一类领型，具有较强的立体感。它可分为规则皱褶和不规则皱褶两种形式。这类领型的外观造型与选用的面料有一定的关系，如同一种造型的皱褶领，选用厚实的面料具有朴实感，选用轻薄的面料则具有华丽感和飘逸感。

图 6－2－1　几种皱褶领

制图要点：先根据领子的造型画出它的基本形，然后在需皱褶的部位进行展开、变形、修正。

具体操作方法可见图 6－2－2 至图 6－2－14。

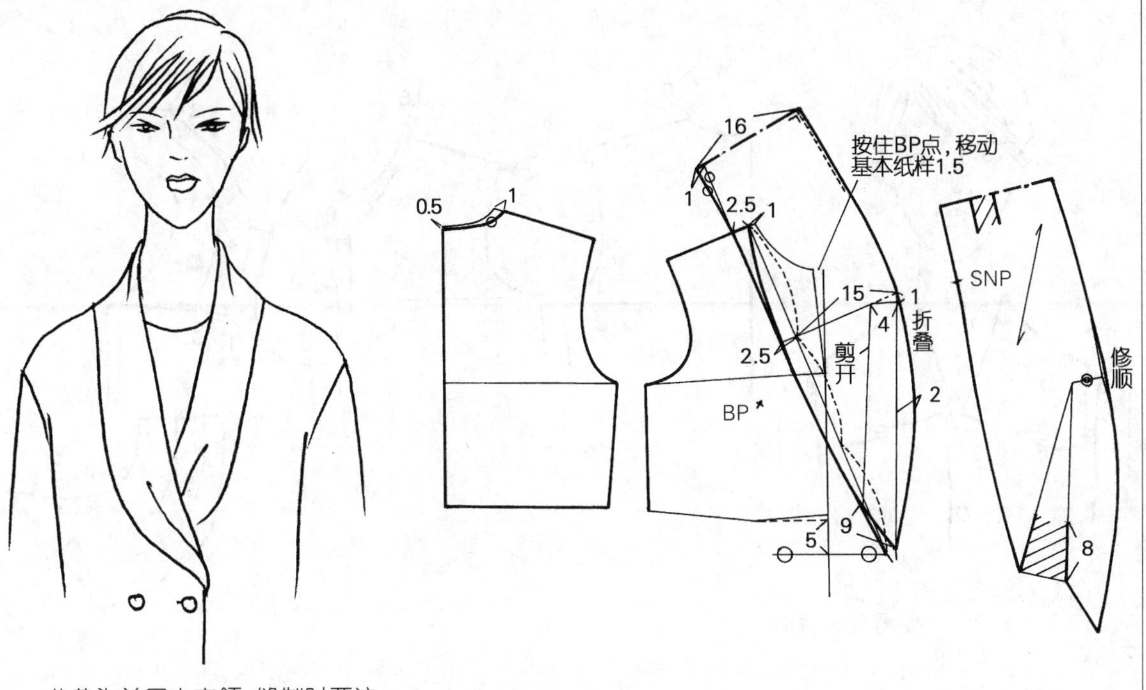

此款为单层大衣领，缝制时要注意前领褶裥处要平服。

图 6－2－2

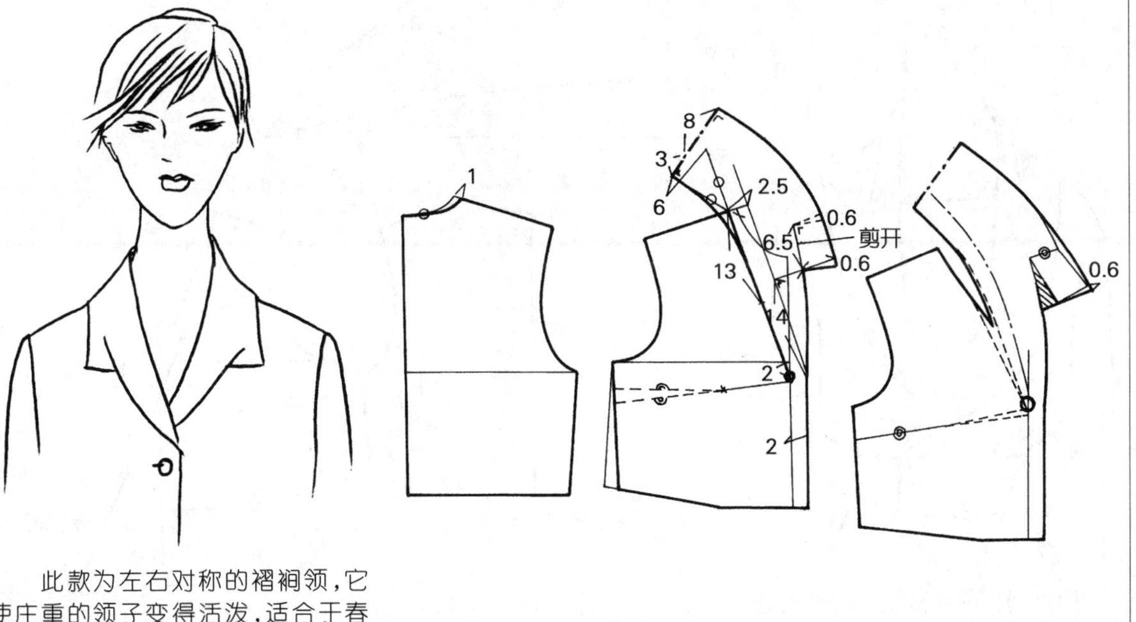

此款为左右对称的褶裥领，它使庄重的领子变得活泼，适合于春秋时装。

图 6－2－3

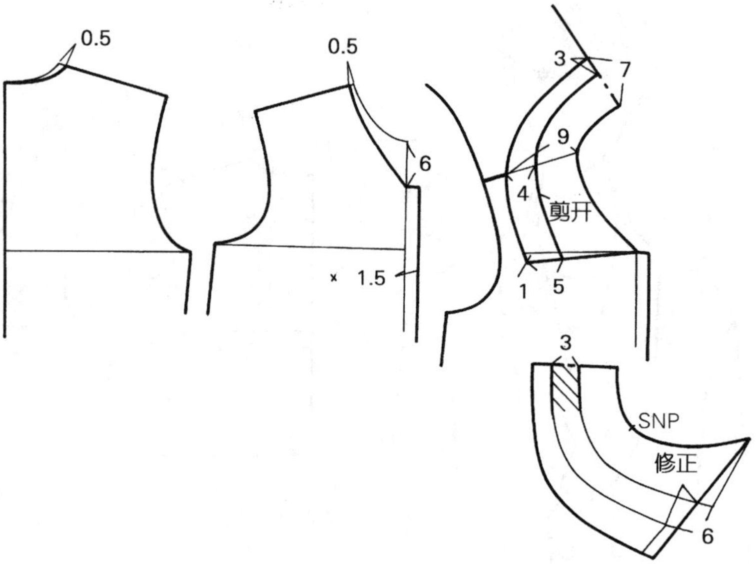

此款后领部分的褶裥缝合，从肩部向前自然张开，使得前领富有变化。

图 6－2－4

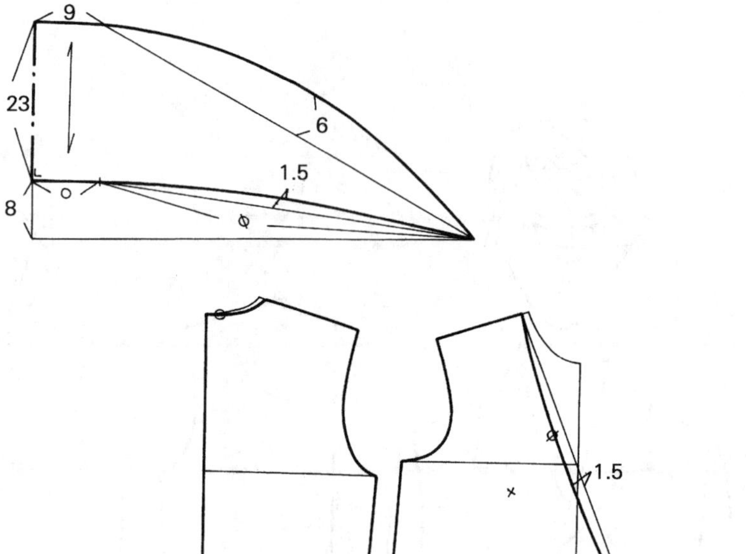

此款宽大的褶裥领采用单层缝制，后片的褶裥很自然地随意地披在身上，显得浪漫。

图 6－2－5

此款领像一条围巾，领上有充足的褶裥，适合使用柔软的条绒、丝绒等面料。

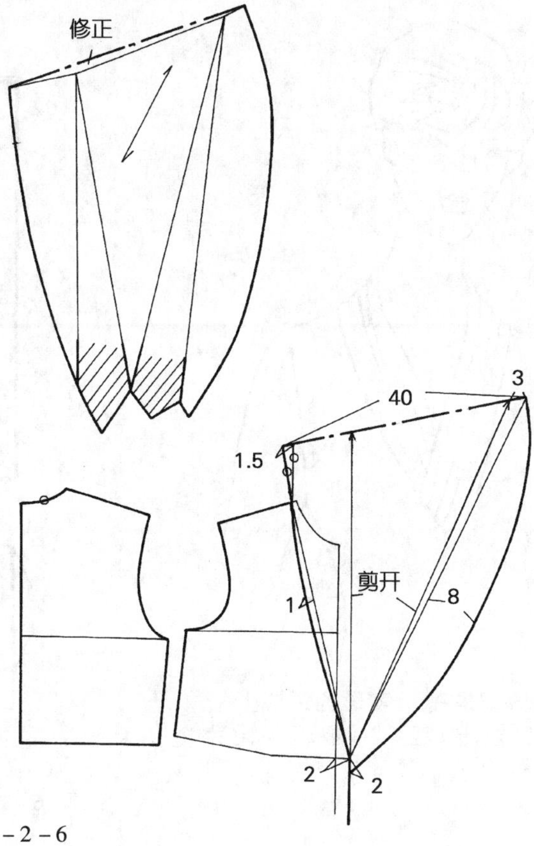

图 6－2－6

该领褶皱优美，为使前领形成斜向褶皱，前片要大大地增加重叠量。它宜采用柔软的纯棉或针织织物。

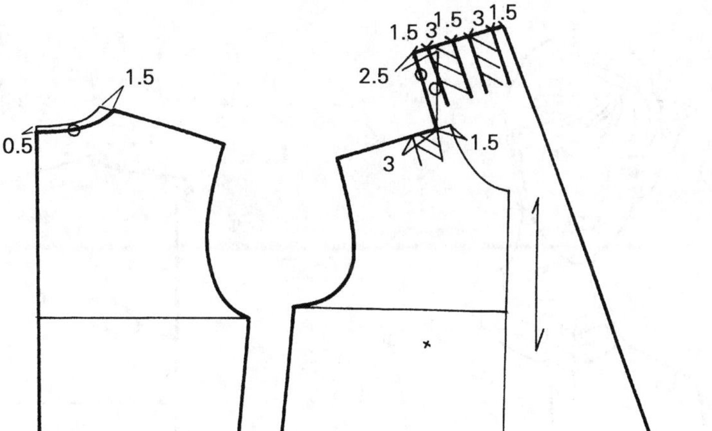

图 6－2－7

该款是在 V 字形的领线上接缝褶皱领，形成自然褶皱，宜选用针织面料。

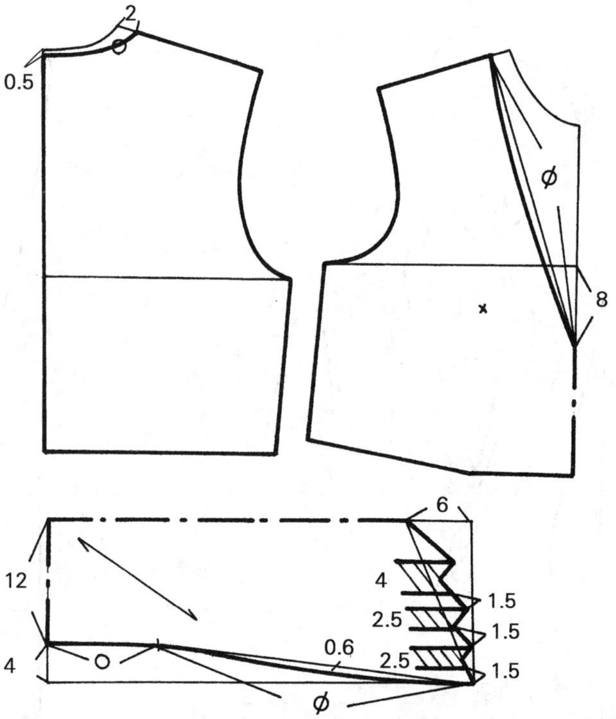

图 6－2－8

此皱褶领是在立领的基础上变化而来，前领的皱褶显得文静、秀气。

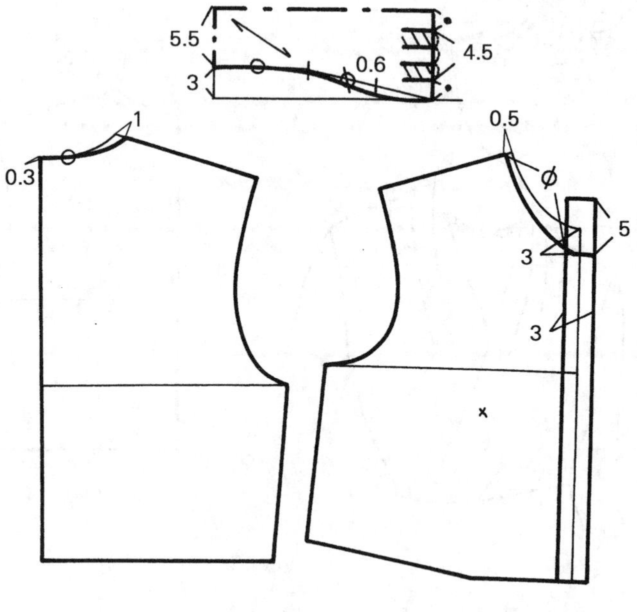

图 6－2－9

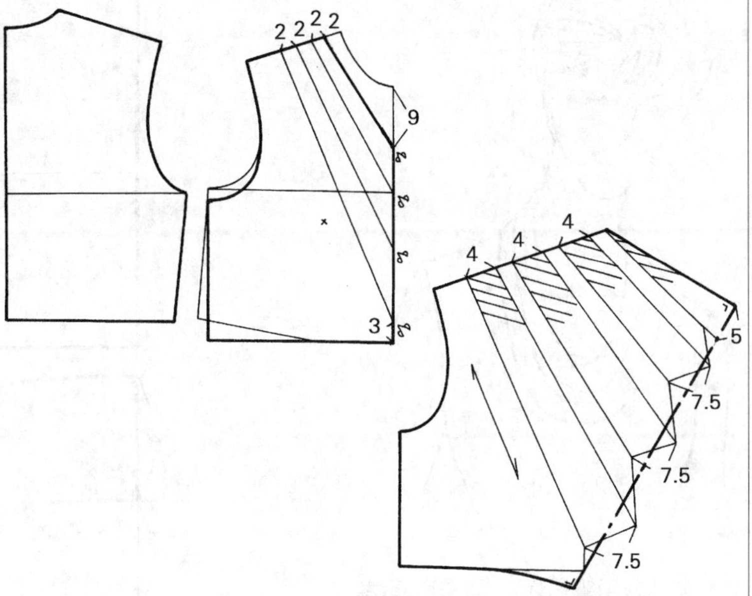

此款为大皱褶领，也叫大荡领，它具有高贵、随意的风格。宜选用悬垂性好的面料，领子的布丝应以斜向为宜。

图 6－2－10

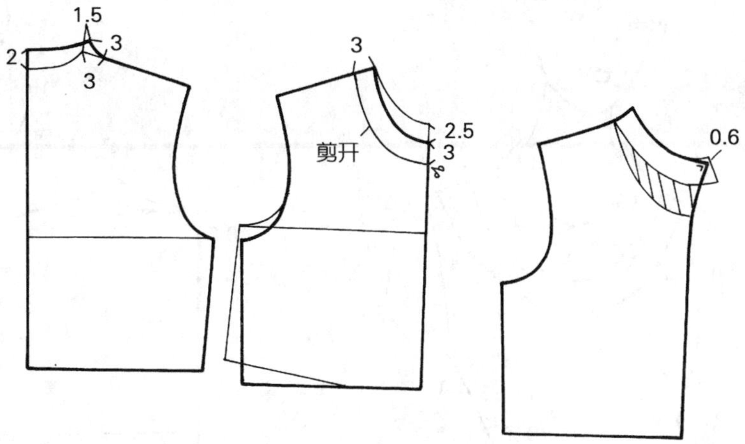

该款后领为连衣立领，前领中间随意打个褶裥，富有变化，宜选用轻薄的面料。

图 6－2－11

此款为前皱褶荡领，可采用较厚实的面料。适用于春秋装。

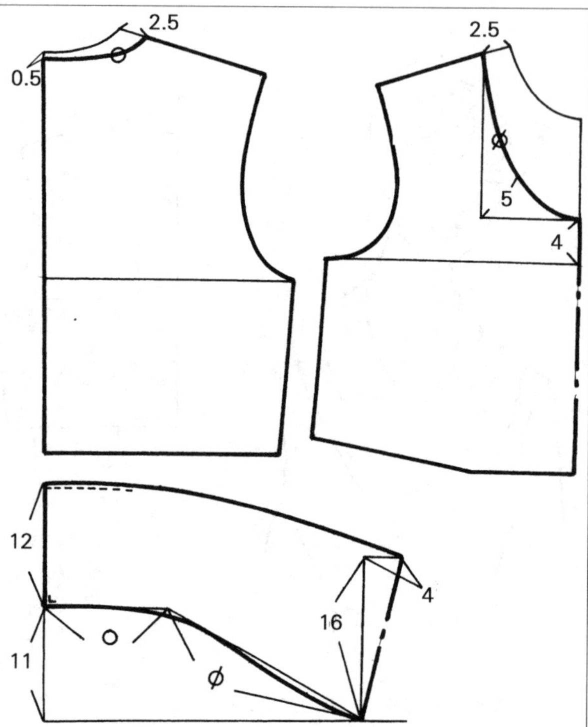

图 6－2－12

此款为浅皱褶荡领，可选用有垂性的针织面料，能产生随意、休闲的效果。

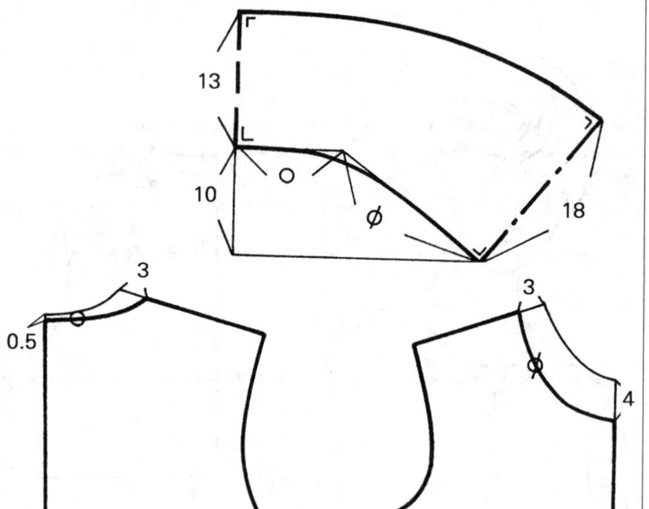

图 6－2－13

此领的皱褶量较大,宜选用薄型针织面料。

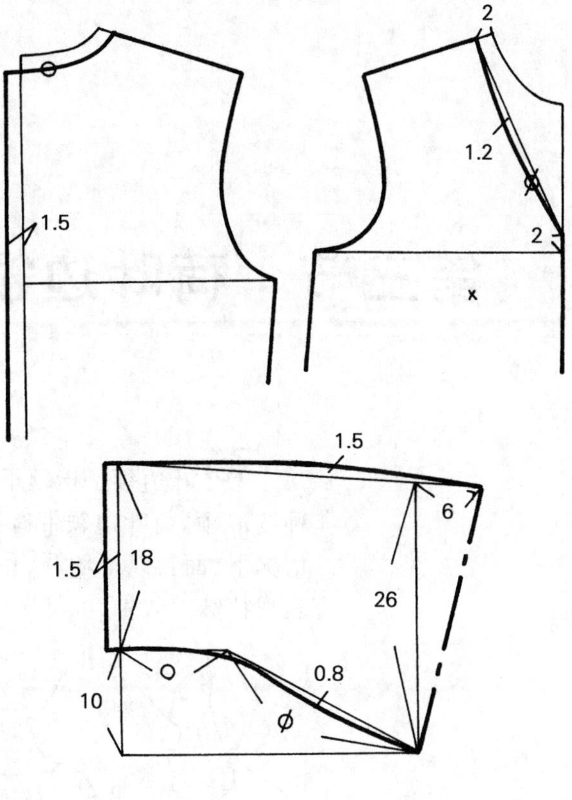

图 6－2－14

第三节　荷叶边领及其变化

荷叶边领是指领子边沿有类似于荷叶的皱褶而得名，它包括各种波浪领。荷叶边领带有很强的女性味，给人优雅、华丽的感觉。通常情况下，面料以薄丝绸、乔其纱、蝉翼纱、双绉等织物为好，但有时为了表现特殊的效果，也可采用较硬挺的面料。

图 6－3－1　几种荷叶边领

制图要点：根据领子的造型先画出它的基本形，然后在需要起波浪的位置加入褶量进行展开、变形、修正。

具体方法见图 6－3－2 至图 6－3－9。

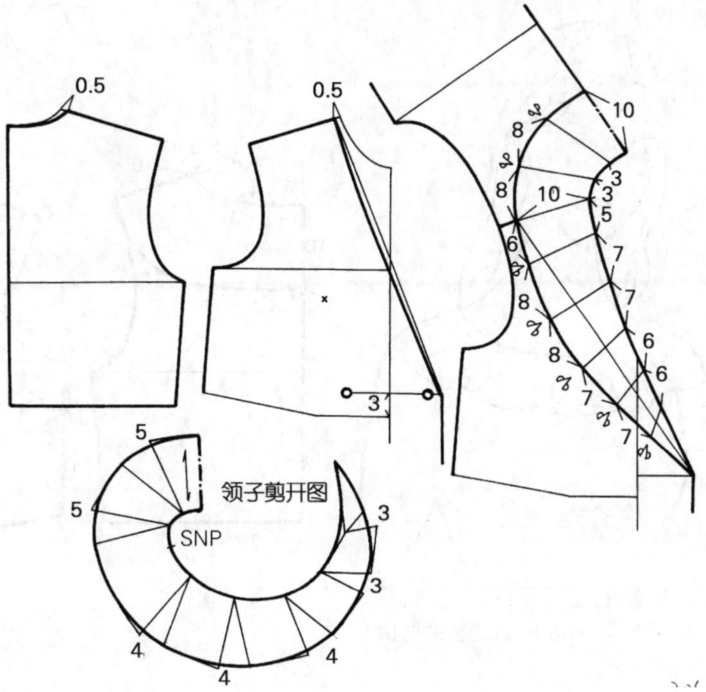

此领为荷叶边领与深 V 形领线拼接，形成的波浪具有成熟、优雅的韵味。

图 6－3－2

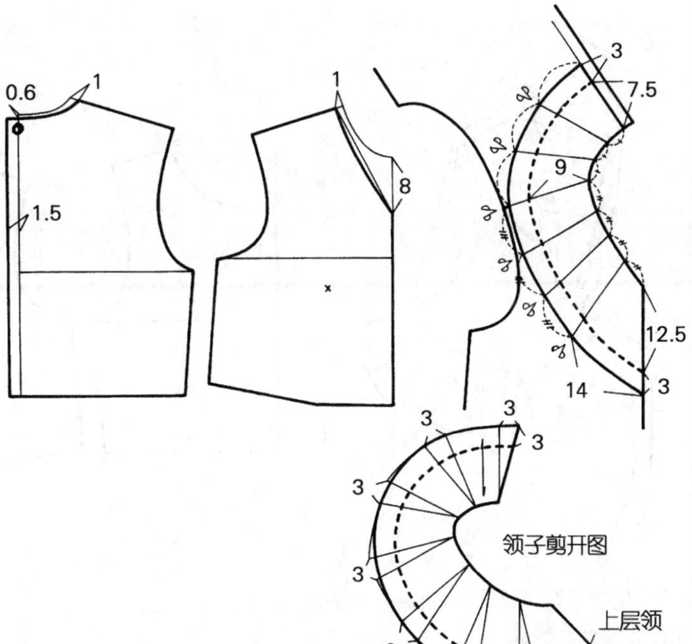

此款为双层荷叶边领，具有层次感，适合于年轻女性春夏季穿着。

图 6－3－3

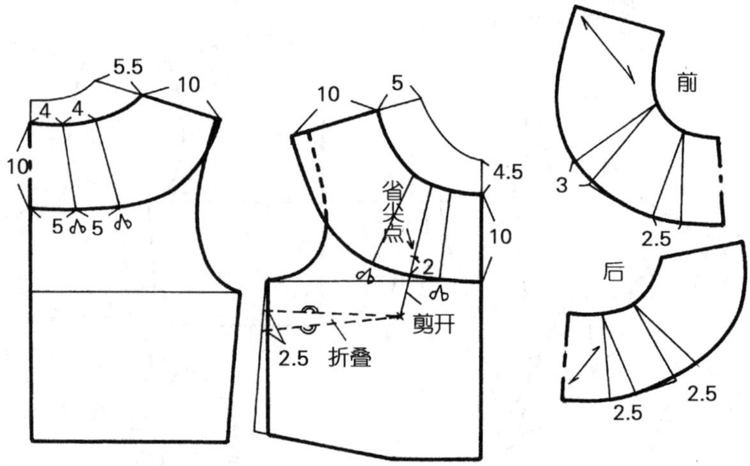

此款的波浪呈现缓和状，宜选用稍有挺度的面料，以避免荷叶边的量太多。

图 6－3－4

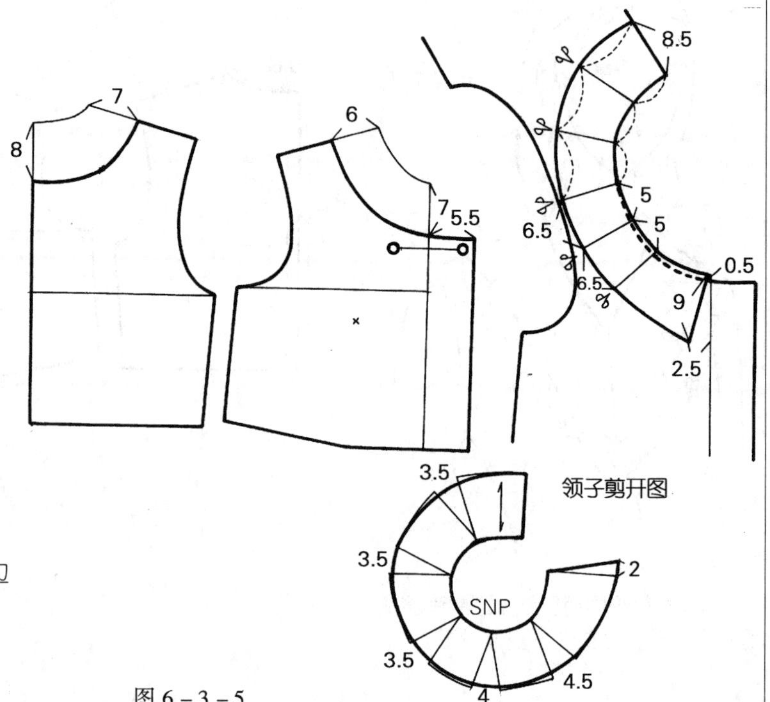

此款是在大圆领线上接缝荷叶边领，适用于夏装。

图 6－3－5

该款为双层荷叶边领。后领没有波浪，前领流动般的弧线美妙无比。宜选用绉纱或乔其纱等细薄而垂性好的面料。

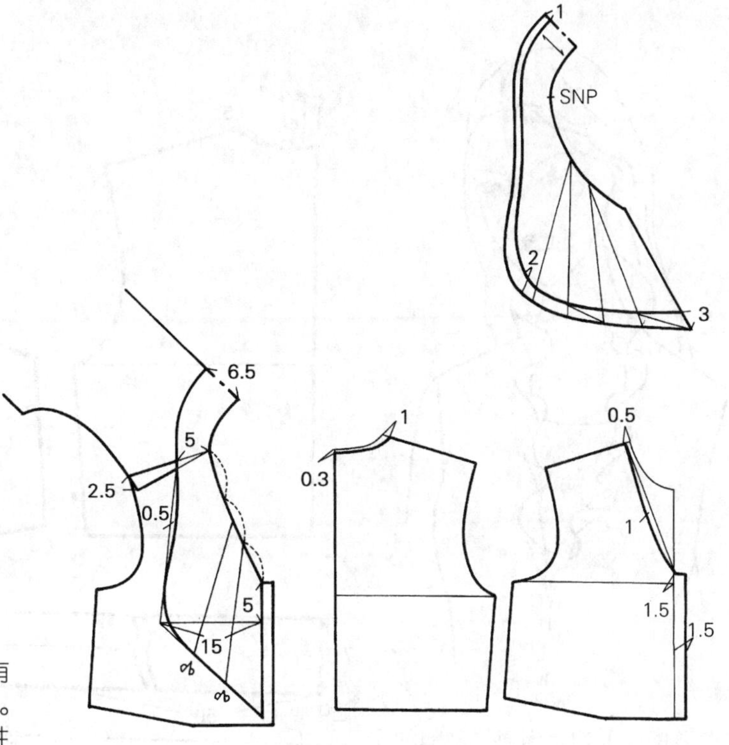

图 6－3－6

此款的前领形成一个大的波浪，后领与一般的翻领相似，领子采用双层单片缝制，领子外口以卷边缝固定。宜选用较薄的面料。

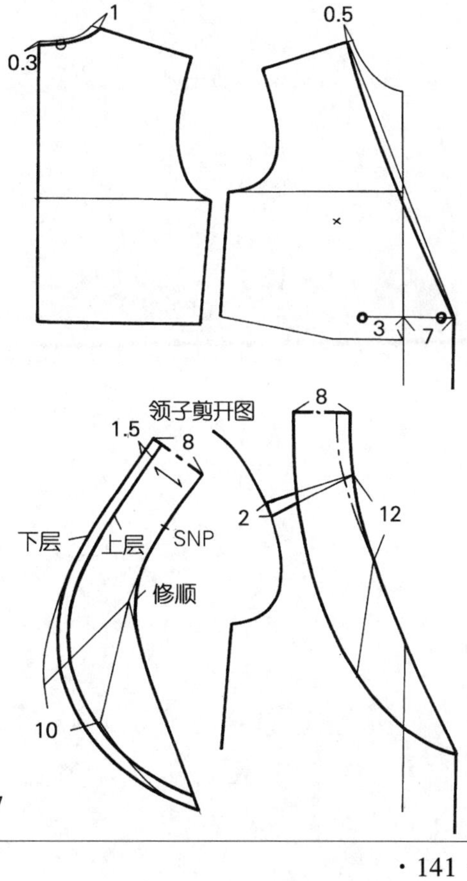

图 6－3－7

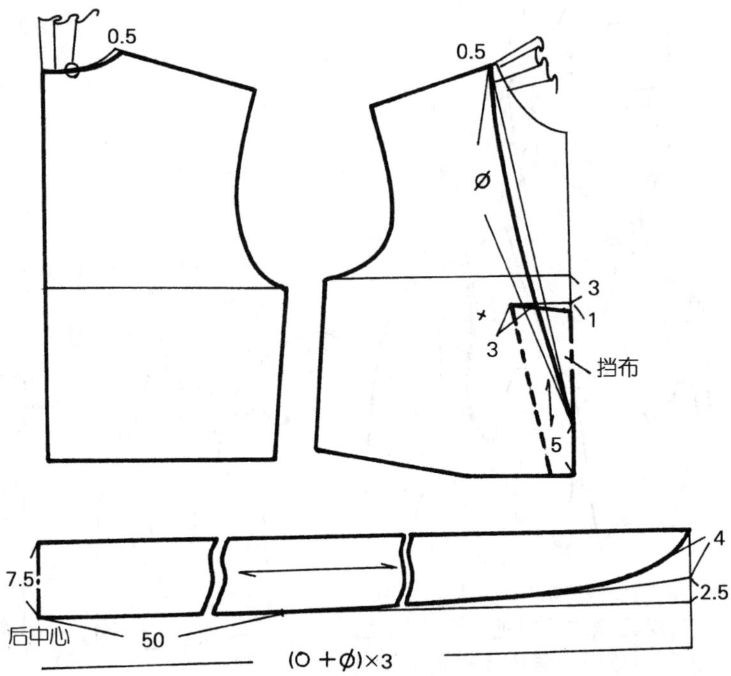

此款的荷叶边是用直线裁剪的布料抽褶而成。选用较挺括的面料，会产生竖起来的效果。

图 6－3－8

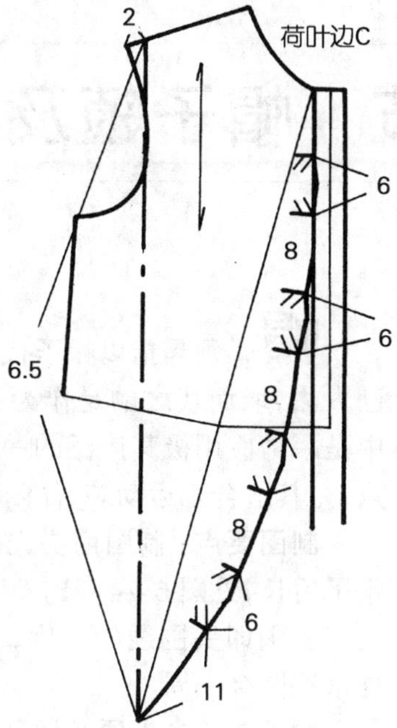

此款是外溢型荷叶边领，采用三层面料制作，具有夸张性。若面料较挺，则要减少抽褶的量。

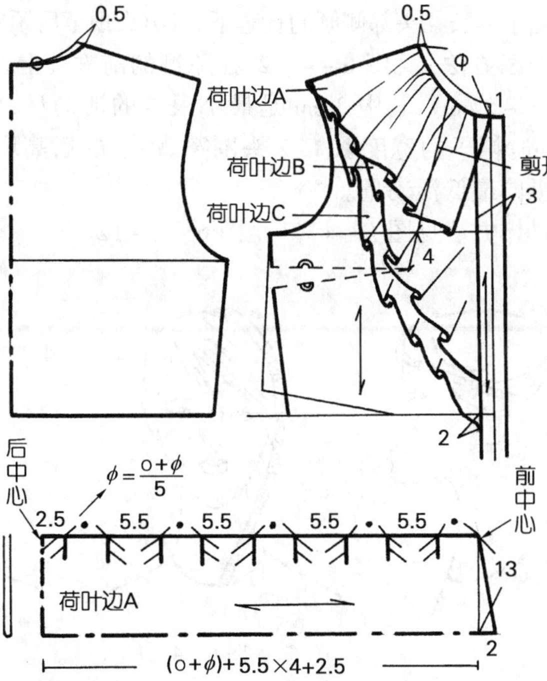

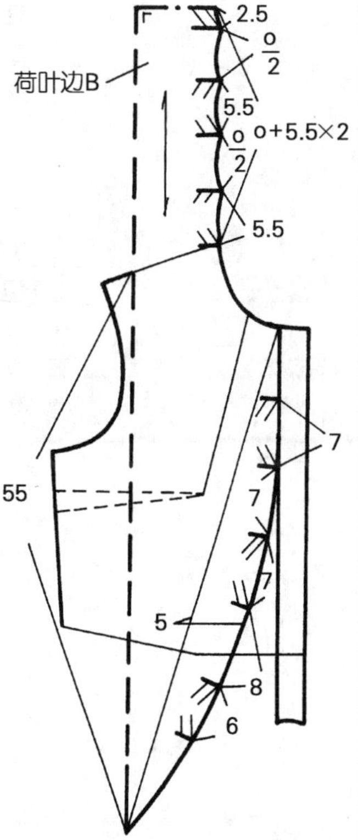

图 6－3－9

第四节　帽子领及其变化

帽子领是指以帽子代替领子的一类造型，在此帽子的实用功能已失去，取而代之的是作为领子的装饰作用。帽子领在现代服装设计中是一种应用极其广泛的一类领型，它具有潇洒、随意、富有变化的特点，尤其适合于运动装、休闲装，受到各年龄层次穿着者的喜爱。

制图要点：制图前要先确定三个部位的尺寸，即头围、帽子前长、帽子后长，见图 6－4－1。

头围即头围线的长度，自前额经距耳根 1 cm 之上及脑后最突出处水平围绕一周。

帽子前长自头顶经耳侧到前颈窝点的距离○。

帽子后长在头部侧倾的状态下，量出头顶至后颈点的距离◎。

制图方法：见图 6－4－2。在原型的前衣片上，自领口点向上量取○＋(3～5 cm)，其中 3 cm 是最小限度的活动量，可脱卸的帽子要加上 5 cm。帽子的宽度取 1/2 头围宽。帽子的后高取◎的尺寸，此数值包括纵向最低活动量。

具体方法见图 6－4－3 至图 6－4－12。

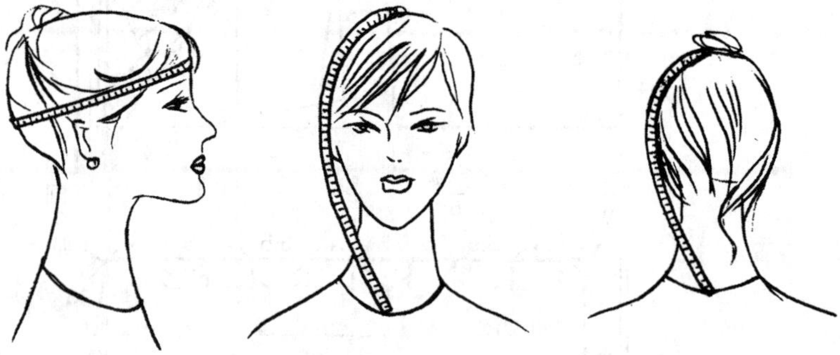

图 6－4－1

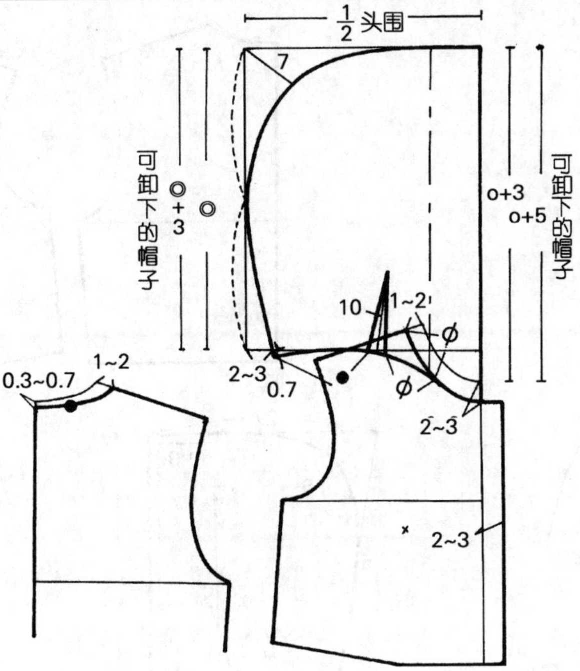

图 6－4－2

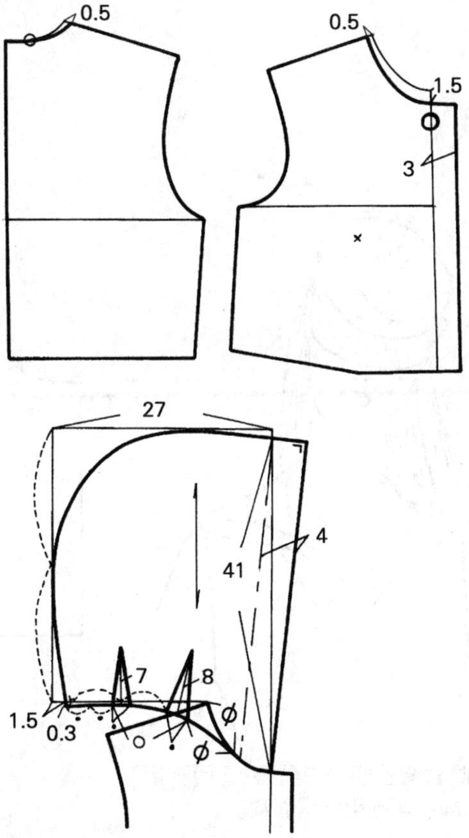

此款为帽子与衣片领圈缝合的领型，它兼具了帽子的防寒及领子的装饰的双重作用，适用于大衣。

图 6－4－3

此款帽子代替领子，帽子外口穿细绳，有随意、休闲之感，可用于衬衫或茄克衫中。

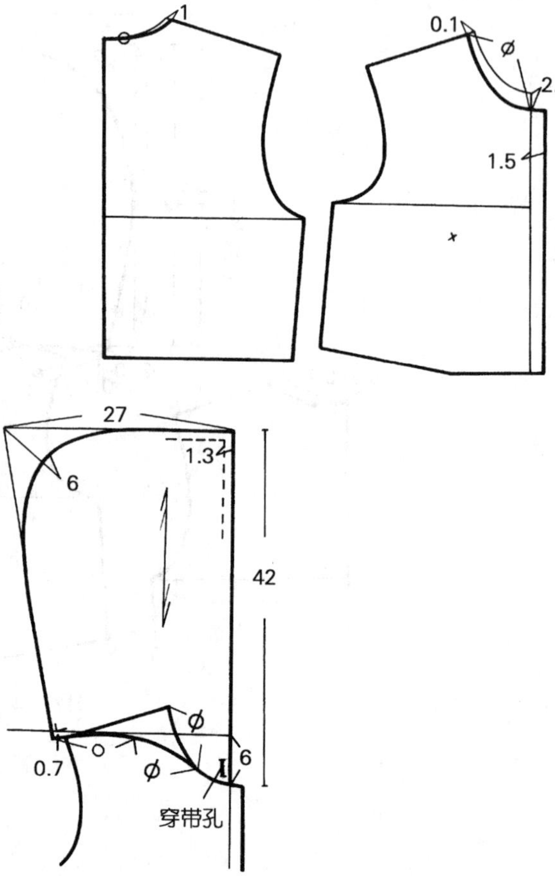

图 6－4－4

此款帽子前中央重叠，适用于运动装。面料可选用针织面料。

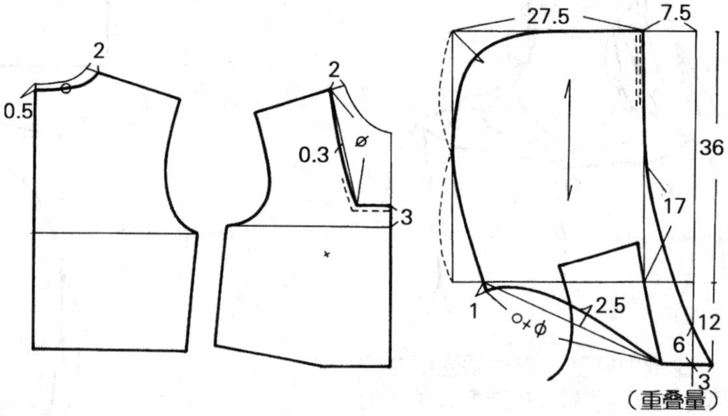

图 6－4－5

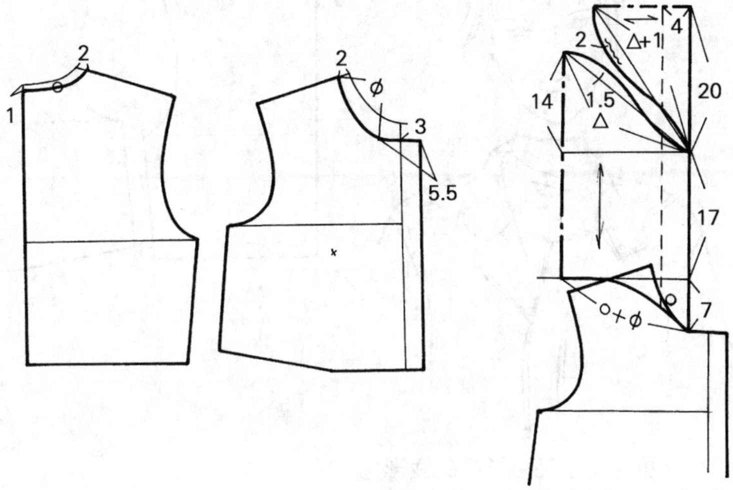

此款帽子领在裁剪上较有特色，适宜选用粗呢面料制成的短大衣。

图 6－4－6

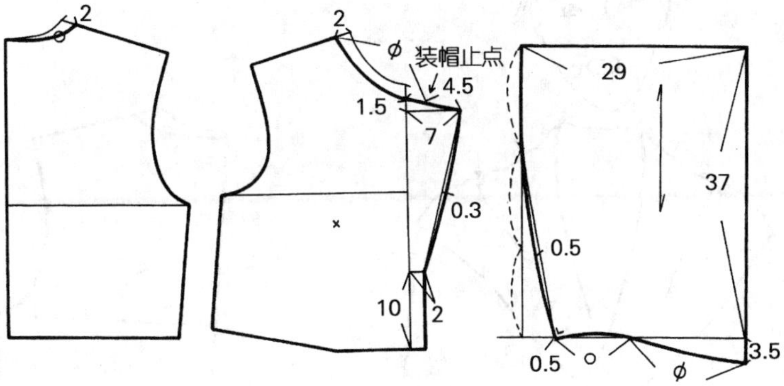

此款为连接于驳领上的帽子领。帽的里子选用与面料相搭配的另料更富有美感。

图 6－4－7

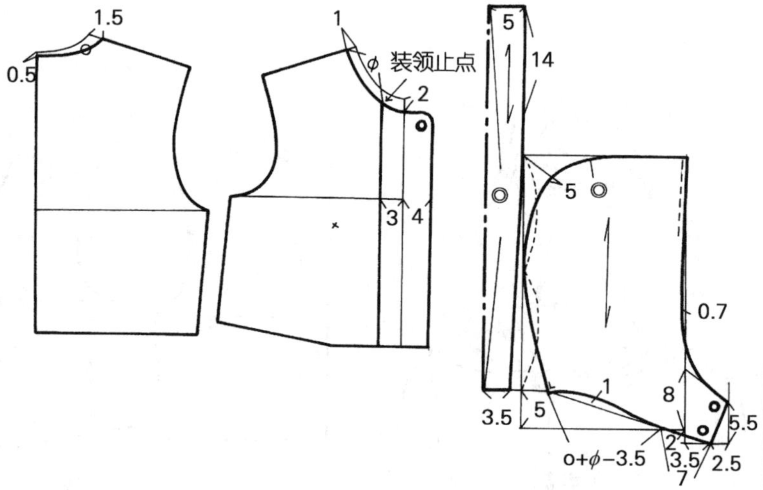

此款是用于茄克衫中的变形帽子，帽中间加上裆布，能体现厚度。若用于制作防寒服，可加填充物。

图 6－4－8

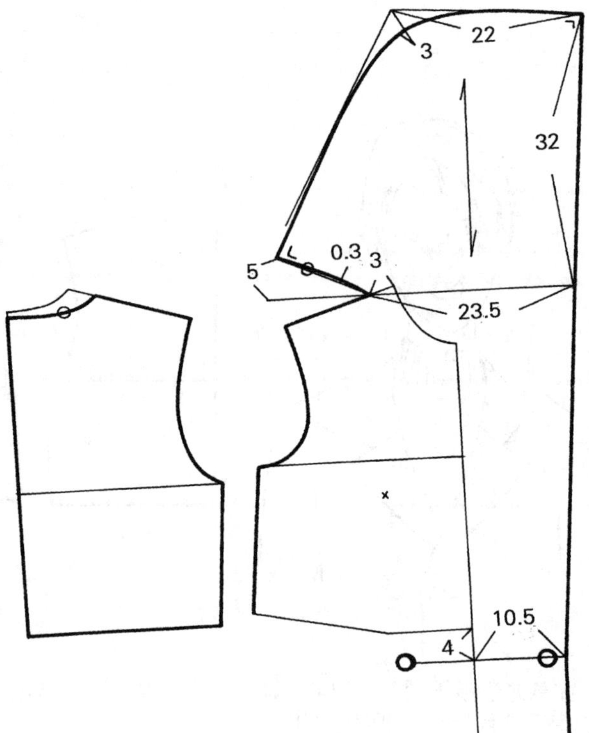

此款是连接在双排扣前开口上装的帽子，看似水兵领，比较活泼，适用于春秋装。

图 6－4－9

此款为在立领上连接的帽子领，宜选用呢绒面料，适合制作春秋女大衣。

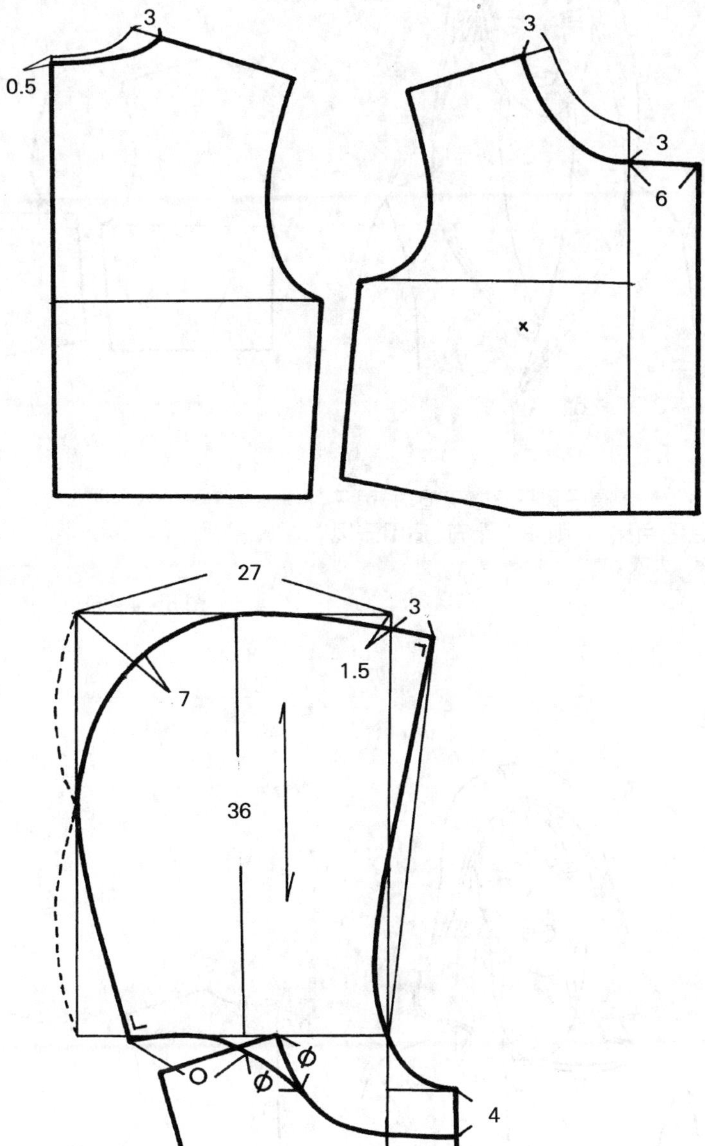

图 6 – 4 – 10

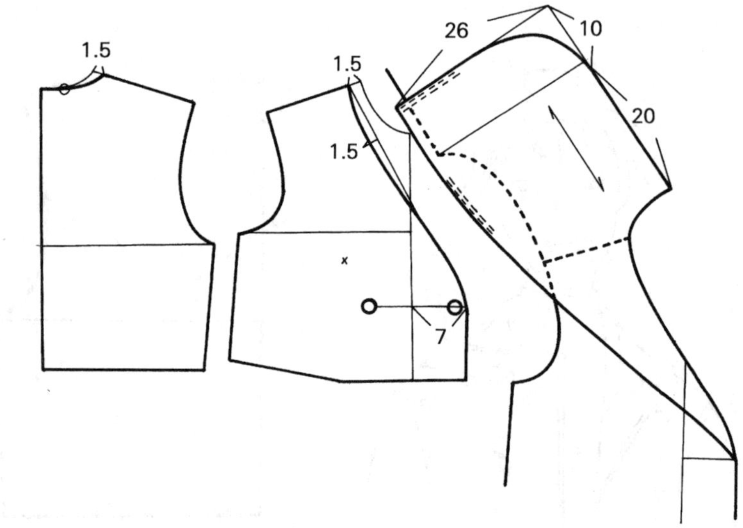

该款帽子翻开后似平袒领，里子若选用另布，则变化无穷，适用于风衣、大衣。

图 6－4－11

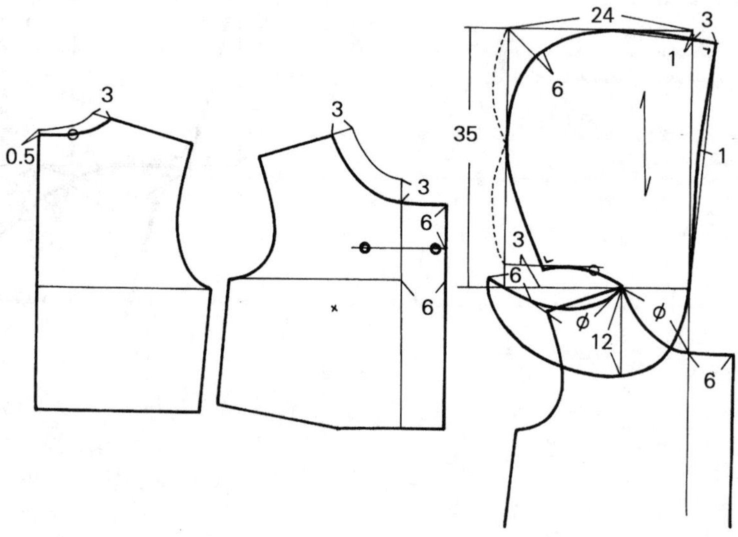

这是皱褶领与帽子领的组合款式，富有变化，适用于时装式风衣，宜选用悬垂性好的面料。

图 6－4－12

图书在版编目(CIP)数据

服装裁剪实用手册——领型篇/鲍卫君,杨玉平,张芬芬编著.—上海:东华大学出版社,2012.5
ISBN 978—7—5669—0052—4

Ⅰ.①服... Ⅱ.①鲍...②杨...③张... Ⅲ.①服装量裁—手册 Ⅳ.①TS941.631—62

中国版本图书馆 CIP 数据核字(2012)第 087471 号

责任编辑 杜亚玲
封面设计 BO:OK[比克设计] mochee@vip.sina.com

服装裁剪实用手册
领型篇
鲍卫君 杨玉平 张芬芬 编著
东华大学出版社出版
(上海市延安西路 1882 号 邮政编码:200051)
新华书店上海发行所发行 苏州美柯乐制版印务有限责任公司印刷
开本:787×1092 1/16 印张:9.75 字数:234 千字
2012 年 6 月第 1 版 2021 年 7 月第 13 次印刷
ISBN 978—7—5669—0052—4
定价:25.00 元